復興の日本人論

誰も書かなかった福島

The whole story about Fukushima

川口マーン惠美
Emi Kawaguchi-Mahn

グッドブックス

第二章　東電は謝罪していないのか

第三章　風評を作り続けるマスコミ

第四章　報道よりもずっと先を行く福島

第五章　ドイツの失敗を繰り返すな

第六章　日本が原子力を選択した日

第七章　復興への希望と力

本文に登場する方の一部は、仮名にしています。

序　章

ドイツから
3.11後の福島へ

ドイツで流されていたフェイクニュース

福島の事情を調べるようになったのは、じつは、東日本大震災についてのドイツでの報道に端を発する。たまたま日本に滞在中に東日本大震災に遭《あ》い、その後まもなくドイツに戻った私は、そこで見聞きした福島第一原発のニュースに腰を抜かしたのである。その多くははっきり言ってフェイクニュースだった。

私がドイツに戻ったのは、震災から五日後。すでにルフトハンザは放射能を恐れて欠航。私は他社の飛行機を使っていたから飛び立てたものの、北京《ペキン》に寄って機内食を積んだりしたので遅れに遅れた。日本の機内食は汚染の危険があると思われていたのだ。それどころか、成田では機内の清掃もされず、機内には、妙な緊張感が充満していた。

ようやくコペンハーゲン空港にたどり着いたときは、もう、乗り継ぎ便はとっくの昔にいなかった。やむなく航空会社の指示によりコペンハーゲンで一泊する羽目になり、税関を通過して外に出ると、テレビカメラが待っていた。私たちは、死の世界からの生還者だったのだ。

その後シュトゥットガルトで、「あなたはドイツに戻ってこられて、本当に幸運だった」と家族や友人たちが心底喜んでくれたところをみると、皆、日本は本当に危険だと思っているようだった。「安心して水が飲めるのはいいでしょう」と言った人もいた。

当時のドイツでは、日本の首相の名前を知らない人はいても、「Fukushima」と「Tepco（東電）」という言葉を知らない人はいなかった。そして彼らの多くは漠然と、日本には、放射能に高度に汚染され、住めなくなってしまった土地が茫々《ぼうぼう》と広がっていると思っていた。しばらくして健康診断でかかりつけの医者に行ったら、頼みもしないのに、私だけ特別に甲状腺の超音波検査をしてくれた。

ニュースを見ると相変わらず福島第一原発が水素爆発を繰り返し、宇宙飛行士のような服を着た検査員が深刻そうな顔つきでうごめいていた。日本の様子が報じられると、ちょうど花粉症の季節だったこともあり、必ずといってよいほど、どこの市民も総出でマスクをしていた。ドイツでは、マスクをしているのは歯医者ぐらいだし、ましてや、日本人が昔からマスクを愛用していたことなど誰も知らない。ドイツ人は皆、慄《おのの》いた。しばらくすると、福島の水素爆発の映像には効果音まで付けられた。

そのうち私は、自分だけが危険な日本からドイツに避難しているように思われていることにほとほと嫌気がさしてしまった。そこで二カ月後、彼らの制止を振り切って、再び〝死の世界〟へと舞い戻った。

その翌六月、ドイツ政府は、二〇二二年までにすべての原発を止め、それを再エネで代替していくという「エネルギー転換（Energiewende）」の宣言をした。結果だけを言えば、以後六年間、この政策は、少なくとも経済的には、ドイツ国民に大きな負担を強いている（詳細は第五章）。

しかし、それがドイツで指摘されることはあまりない。その代わりに、福島はいまだに復興できず、原発を止めようとしているドイツ政府の決断は正しいという意見が大手を振っている。〝悲惨な福島〟は、今もドイツでは、自国の脱原発政策を正当化する最重要な論拠なのである。

ただ、まもなく気づいたのだが、日本の論調も同じだった。この震災で二万人もの命を奪ったのは地震と津波であったはずなのに、報道の焦点はあくまでも原発事故に定められていた。福島の悲劇は原発事故の悲劇で、復興は遅々として進まないという認識は、六年たった今、私たちの心にしっかりと刻み込まれている。

なぜ？　ドイツ人がさまざまな思惑で、福島の原発事故の被害と津波の被害をごちゃまぜにし、自国の脱原発の効用を過大に評価するのは理解できるとしても、なぜ、日本でもそれが起こるのか？　福島は、本当はどうなっているのか？

そんな疑問に駆られつつ、私は福島にしばしば足を運ぶようになった。

巨額の賠償金が悪者に!?

福島についての報道を見ていると、人が減り、仕事がなく、悲しく寂《さび》れたイメージが強い。確かに、いまだに住民が帰宅できない帰還困難区域ではそういう光景もある。

しかし、その他の場所では、事故以来、各自治体が競って復興事業を立ち上げ、また、除染に莫大なお金がかけられていることもあり、かなりの雇用がある。それは、走っているトラックのナンバープレートを見ると一目瞭然だ。関西の車も少なくない。実際に、それらの復興景気に引き寄せられて日本中から企業が集まっている。

福島では、鉄道や道路の復旧はそろそろ終わろうとしており、だから、かえって心配なのは、復興が一段落し、除染も終了してしまったあとの話だ。バブル後のような状態が引き起こされる可能性がある。

また、住民が戻らないと言われているが、廃炉の関係者など、元の住民ではない人たちが移住してくるという現象も起こっている。廃炉はいわば国家事業で、資金切れになる心配はない。しかも、まだ何十年も続く。だったら移り住もうという人が現れてもけっして不思議ではない。福島は、海あり、山あり、美味しいものありで、住むには良い所だ。避難指示が解除された福島第一原発のそばの町では、最近、すでに不動産取引が活発になっているという。

もうひとつ驚いたのは、原発事故による避難者への賠償金の話。私は賠償金問題を調べようと思って福島に行ったわけではなかった。しかし、現地に行って話を聞くと、耳に入ってくるのはその話ばかりだった。

賠償金は天文学的な数字になっているが、お金はまさか空から降ってきたわけではない。ただ、多くの人が思っているように、すべて東電が自腹を切って支払っているわけでもない。多くは税金であり、あるいは、全国民の電気代から出ている。つまり、どちらにしても、ほとんどは国民のお金だ。

しかも、その額は破格のもので、二〇一七年までの賠償金の支払総額が、七兆五千億円。それどころか、賠償、除染、廃炉、中間貯蔵施設を含めた予算の総額は、二十二兆円にものぼる。

しかし、これだけのお金が注ぎ込まれているのに、不思議なことに誰も満足していない。それどころか当の福島では、東電が賠償を出しすぎるから悪いなどと、その貴重なお金がしばしば悪者になっていた。

地元に渦巻く怒り

また、賠償金問題から派生して、①津波の被害も原発事故の影響も受けていない福島県民と、②潤沢な賠償を受け取っている原発事故の避難者、そして、③賠償などももらえない津波の被災者という三者のあいだに、かなりの気持ちのすれ違いが起きていた。そしてそこには、誰も本心を言えない圧迫感が漂っているように感じた。

しかも、これだけのお金が動いていながら、国民はそれがどう捻出されているかということさえよく知らない。じつは私も知らなかったのだが、今では東電は、言われるままに賠償金を出してもあまり自分のお腹は痛まないような仕組みが出来上がっているようだ。

つまり、本来ならお腹が痛むのは国民のはずなのだが、主役であるその国民がなぜか蚊帳《かや》の外に置かれていて、「東電は出し渋らず、もっと誠実に支払うべきだ」などと思っている。

賠償金についての報道は少ない。これはほとんどタブーだ。話してくれる人は多いが、それを書く人が少ない。バッシングを恐れて、すべてがきれいごとになる。

当然、私もジレンマに陥った。書くべきか、書かざるべきか……。国民はこれについて、もっと知る権利があるのではないかと強く思いつつ、しかし、いざ書くとなるとさまざまな要因で心が萎《な》えた。

賠償金のほかにも、福島では多くの矛盾が起こっている。多くの規制、それは、食品や土壌の線量の規制であったり、原子力発電所の安全規制であったりするのだが、それらが非現実なレベルにまで突入し、計り知れないほどのお金が費やされ、対効果費用のバランスが崩れていた。

本来ならば、福島の復興では、限られた国家予算は国の基礎体力をつけるために活用すべきなのだ。なのに、実際におこなわれていることは、怪我をした人が怪我の部分を労わろうと、食べるものを切り詰めてまで高価な絆創膏《ばんそうこう》を買い、重ね貼りしているのと似ていた。本当に復興を考えるなら、そのお金で滋養のあるものを摂り、体力をつけることのほうがよほど大切ではないか。そうすれば、怪我は自然と治る。

執筆への迷い

また、福島では、あちこちで怒りが渦巻いていた。

日本では古来より、村人が全滅するのは、地震、台風、洪水、津波、火山の噴火など、たいてい自然災害のせいだった。だからこそ、地震で家がなくなっても、人はまたそこに家を建て、父親が海で死んでも、息子はまた漁に出た。悲しくても恨まず、皆で力を合わせた。

ところが、福島では原発の事故という異分子が入り込んだために、そうはならなかった。「加害者」がいて、「被害者」がいて、莫大な賠償金があった。東日本大震災が、関東大震災とも、伊勢湾台風とも、阪神大震災とも違ってしまったのはそのせいだ。

しかし、だからといって、加害者と被害者の交渉が冷静になされたようにも見えなかった。法律の解釈はじつに曖昧《あいまい》で、皆がいまだにどこか、昔からの情に支配されていた。日本人らしさ、つまり日本人の長所であった完璧《かんぺき》さや、弱い者に寄り添うという優しさまでもが、かえって現実的な事故処理の足を引っ張ったり、復興計画を不合理なものにしているようだった。国民が福島の実態をもっと正確に知れば、すべてはもう少し好転し、あるいは合理的に進むのではないか。

ただ問題は、私にそれを書く資格があるのかどうかだ。

福島には、多くの物を失って苦しんでいる人がいる。家をなくした人、家族を亡くした人、家も家族もなくした人。家族が行方不明なのに、放射能のせいで捜索に行けなかったという人もいた。もし、すぐに助けに行けたなら、子供は生きていたかもしれなかったという思いがどれほど苦しいものであるか、私はそれを想像することさえ恐ろしく、同情よりも、悲しみよりも、ただ畏怖《いふ》の念を感じる。

私はしょせん傍観者で、何も失っていない……。とくに賠償金の執筆に関しては、福島の地元の人に、「そんなことを書いても、あなたの正義感は満たされるかもしれないけど、誰のためにもなりません」と、はっきりと言われたこともあった。その、ほとんど用意されていたかと思われるほどキッパリとした言い方に、私はショックを受けた。

冷静に考えれば、そのとおりなのだろう。

税金だからと節約し、賠償や補助金を削っても、喜ぶ人は誰もいない。その反対で、被災者は憤《いきどお》り、国民は同情し、何よりマスコミが黙っていないだろう。被災者の気持ちがわからないといってマスコミに叩かれては、役所にとっても東電にとっても、問題が膨《ふく》らむばかりだ。また、本当のことを知った国民は怒り出すかもしれない。

だったら、言われるままに気前よく出しておくほうが円満でいい……。つまり、現在の賠償金の状態は、当事者全員の合意に基づいていることなのだ。国民が知らないのは、それなりのメリットがあると言える。

では、その暗黙の合意ともいえる場所に嘴《くちばし》を突っ込んだりすれば、何が起こるか？　そう考えると頭の中が混乱し、私は深い憂鬱《ゆううつ》の中に沈み込んでしまった。本書が、手がけてから二年以上もかかってしまったのはそのせいだ。

福島の女性からの手紙

福島は、北海道、岩手について、日本で三番目に面積が広い。深い緑の山々と力強い漁港、茫々と広がる田んぼや畑、瑞々《みずみず》しい果樹、美味しいお酒、温泉と、日本人の心を打つ風景がここにはある。

一方、福島は過疎の町でもある。もともと少子高齢化が進んでいた場所に原発の事故が起こった。原発はその広い福島のごく一部だというのに、県民はいまだに呻吟《しんぎん》し、その悩みが日本全体を今も憂鬱にしている。

ただ、少子高齢化を含め、福島で起こっている多くのことは、じつは日本全体がすでに長く抱えている問題だ。だからこそ、今、手がけられている福島の復興がうまくいけば、それら日本全体の問題の解決に緒をつける可能性があるのではないか。どうにか、災いを転じて福となすことはできないものか。

本書では、やはり日本全体の問題のひとつとして、エネルギー政策にも詳しく触れている。

私は、再生可能エネルギーの開発は続けながらも、原発は当面のところ、動かさなければいけないと思っている。その理由は、五章と六章に詳しく書いた。

日本は世界で稀《まれ》に見る優秀な人的資源をもつ素晴らしい国だ。島国だから、日本なりの正義、倫理、不文の掟《おきて》ができた。争わずに物事を解決する知恵も育まれた。

なのに今、福島の復興を邪魔しているものは、よりによって、その日本的な思考法のようにさえ感じる。これまで国を支え、発展させてきた日本の長所が福島の事故でくるりと裏返り、内向きに、後ろ向きに作用しているとすれば、それは皮肉なことだ。そんな思いを巡らせているうちに、本稿はしだいに、福島をめぐる「日本人論」となった。

そんなある日、話を聞かせてもらったいわき市の女性から手紙をいただいた。そこには、次のように書いてあった。

「福島県の本当の復興のために、国も、いわき市民も、そしてもちろん双葉郡の方も語ることのできない真実を明らかにしていただくことが、今いちばん必要なことのように感じています」

この一言に勇気づけられてようやく仕上げたのが、本書である。

第一章

巨額の賠償金が生んだ「分断」

賠償御殿

いわき中央台のその新興住宅地を、地元では「賠償御殿《ごてん》」と呼んでいた。いわきの中心から車で十五分ほど南に行った場所だ。

ここは元々、いわき市の中では高級住宅地で、お金持ちが家を建てて移り住んだため、「医者村」と言われていた。3・11のころは、この「医者村」にも、まだ売れ残りの区画がたくさんあって、広々とした光景だったという。ところが、今では風景は一変。瀟洒《しょうしゃ》なデザインの豪邸が、余す区画なく立ち並んでいる。

人口が増えた「医者村」には、郵便局やコンビニもできた。バスの運行回数も増えた。

「だから、今、ここは結構、便利なの」と言ったのは、同行してくれた中峯あや子さんだ。ただ、中峯さんは「医者村」の住人ではない。

じつは、この「医者村」と道一本を隔てた広い区画に、仮設住宅が立ち並んでいる。四角い箱のような住宅群は、世にいうバラック。

玄関のドアを開けると、すぐ横がお風呂とトイレで、対面に小さなキッチン。ご主人と二人の中峯さんの場合、その奥に四畳半と押し入れ付きの六畳があった。冷蔵庫、電子レンジ、洗濯機、テレビ、炊飯器、電気ポットの〝六種の神器〟は、全住人への日本赤十字社からの寄付だった。津波で家を流された中峯さんは、ここで二年半を過ごした。

「夏は暑くて、冬は寒くてね。おまけに、お隣の音が全部聞こえるの」

今は、団地タイプの復興住宅に移った中峯さんが、そう言って笑う。

百八十九戸あった住宅は、当時は満員で、四百人ほどの被災者がひしめいていた。でも、今はほとんどが空き家でシーンとしている。玄関の扉の横の郵便受けには、どこもダイレクトメールが溜《た》まっていた。

中峯さんが、〝かつての住処《すみか》〟を、ところどころ覗《のぞ》き込みながら歩く。その後ろに付いて、私も窓に鼻をくっつけるようにして覗く。

こっちから覗くと、向こうの窓から外が見える。畳の部屋には押入れが一つ。狭い。聞くと、畳は団地サイズよりもさらにひと回り小さいものだという。そして、そこから視線を道路のほうに移すと、「賠償御殿」の連なりがいやでも目に飛び込んできた。

ニュースにならなかった福島の津波被害

中峯さんは、いわきの平豊間《たいらとよま》の人だ。会津からお嫁に来て、海ぞいの土地に三十二年も住んだ。やがて子供も巣立ち、最後はご主人とお姑《しゅうとめ》さんとの三人暮らし。そのうち、お姑さんが動けなくなったので、看護師の仕事を辞めて介護に専念した。そのお姑さんも二〇一〇年に亡くなり、震災の当日は家に一人だった。

あまりの揺れに驚き、余震が怖くて庭に出たが、普段ならうるさいほどよく鳴る警報が、停電のために鳴らない。その代わり、街の広報車が走り回って、高台に避難するようにとアナウンスしていた。そこで、リュックサックに、お財布と通帳、ホッカイロ、ビニール袋と、なぜか歯ブラシを入れて、自転車で丘に向かった。すでに道に亀裂が入っていたので、車で走るのは無理だと思ったからだ。

でも、この時点では、まだピクニック気分だったという。途中でどうしようかと迷っている人に、「ほら、あんたも一緒においで」などと声をかけながら、丘の上まで来た。

そのとき、海の向こうから巨大な波の来るのを見た。家々がなぎ倒され、車が浮いた。そして、その巨大な波が巨大な引き波となって、すべてのものを海の向こうへさらっていくのを、信じられない思いで見つめた。

中峯さんの家は、しかし、ちょうど木の陰になって見えなかった。だから、その時点では、まさか自分の家がきれいになくなってしまったとは、まだ思っていなかったという。

そのうち、びしょ濡れになった人たちがふらふらと丘に上がってきた。雪が降り始め、日が暮れてきた。大変なことになったと思った。

それ以後の苦難の話は、あちこちで取り上げられた多くの津波の被災者のそれと同じだ。避難所での不便な暮らし、一瞬の偶然が生と死を分けた瞬間を見てしまったやりきれない思い、これからどうしたらよいのかという不安……。中峯さんもその例外ではない。

ゴルフのカントリークラブから、体育館。そこから、また次の避難所。最後は、友人の持っているアパートに、やはり被災したご主人のお姉さん一家と同居した。津波の被害者には、百万円の見舞金が出た。

中峯さんの話を聞いて意外だったのは、いわきの津波の被害の大きさだ。私たちは津波といえば、仙台や石巻の被害については詳細に聞き知っているが、いわき市についてはあまり知らない。しかし、いわき市にも、津波でそっくり無くなってしまった集落があった。それどころか、中峯さんの住んでいた豊間では、八十五人もの人が命を落としている。六百軒あった家が、津波の後は五十軒しか残っていなかった。

なのに、あまりニュースにならなかった。なぜか？　いわき市の津波の被害地は原発に近かったため、放射能を恐れてマスコミが入らなかったからだという。

「仮設に入居できて、ホッとした」

入らなかったのはマスコミだけではない。支援物資を運ぶ人たちも来なかった。中峯さんが高校の体育館に避難していたある日、一グループにおにぎりが一つと水が一本配られた。一グループの人数は二十三人。いわきでは、実質、流通が止まってしまった時期があったのだ。

そのあと、お姉さん一家と住んでからも、食べ物の調達にいちばん苦労した。しかし、そんな話は報道もされず、福島について伝えられるニュースは、とにかく原発一色だった。

中峯さんが仮設住宅に移ったのは、震災の年の六月のこと。今、またそこに立った中峯さんが言う。「ここに入居できたとき、嬉しかったの」

私は初め、聞き間違いだと思った。嬉しかった？　広々とした家に悠々自適で暮らしていた人が、この、見ただけで圧迫感を覚える仮設住宅に入居できて嬉しかった？

「なぜですか？」と思わず聞くと、中峯さんは言った。

「だって、やっとお父さんと二人になれたもの、ホッとした」

震災から数カ月、ずっとプライバシーはなかった。ホッとできる時間は、避難所でもなかったし、アパートでも、一時さえなかった。でも、ここではようやく誰にも遠慮しないで済む！

彼女の言葉の意味を知ったとき、私は初めて、避難生活を余儀なくされた人の苦労を垣間見たような気分になった。

こうして始まった仮設住宅での生活は、非常事態の極みだったはずなのに、中峯さんは、今思えば結構楽しいこともあったという。これも耳を疑う言葉だ。

仮設住宅で暮らし始めると、あっという間に、子供たちが中峯さんの所に集まるようになり、それをきっかけに、他の被災者との交流も始まった。えんどう豆をもらえば、豆ご飯を山ほど炊いて、一人暮らしの年配の被災者に配って回った。家庭菜園を作ってトマトを植えたり、食べたスイカの種をまいて、スイカを育てたり……。そんなことをするうちに、近所のデイサービスからパートで働いてくれないかという話も来た。

振り返れば、この、「夏は暑くて冬は寒いバラック」での生活も、悲しいことばかりではなかった。それどころか、今、団地のような復興住宅でドアをピタリと閉ざした生活をしていると、ふと、仮設住宅に住んでいたころを懐かしく思い出すことさえあるという。

ただ、皆が中峯さんと同じような気持ちで暮らしていたかといえば、そんなわけはない。

賠償金格差が〝亀裂〟を生む

いわき市には、中峯さんのように津波で家を無くした人もいれば、原発の影響で強制避難を強いられた双葉郡の人たちもいた。津波ですべてを無くした被害者には、国などから百万円の見舞金が出ただけだが、国の避難命令で自宅を離れた双葉郡の人たちには、東電から莫大な賠償金が出ていた。同じ市内で、信じられないほどの貧富の差ができていたわけだ。

当時、全国から、古着はもちろん、食料品や日用品が続々と被災地に送られてきていたが、そのうち、「うちは古着なんていらない」と堂々と言う人たちも出てきた。一方、「ゴミ箱に綺麗なコーヒーカップが捨てられていたときには、もったいないから拾ってきて使ったわ」と中峯さん。

住民の間に、深い亀裂が走った。

「他人のことを羨《うらや》んだって、無くなったものが戻ってくるわけでなし」と中峯さんは言うが、人の心はそう単純ではない。あちこちで、「なぜ、うちにも少し放射能が飛んでこなかったか」と、冗談とも本音ともつかない言葉が飛び交った。一方、避難を強いられていた人たちの心の奥底には、放射能に対する不安がしっかりと巣食っていて、「放射能が飛んでくれればよかった」などという冗談には、強い憤りで応じた。

そんな不満と苛立《いらだ》ちが市全体でどんどん膨《ふく》らんでいくのはそのあとだ。

じつは、中峯さんが仮設住宅に入ったそのころ、いわき市では土地の値上がりが始まっていた。不動産関係の人の話では、震災のあと、二、三カ月経ったころから、土地の値が動き始めた。そして、翌二〇一二年の暮れには、いわきの地価は二倍に跳《は》ね上がり、順番待ちの状態となった。

もちろんあちこちの仮設住宅でも、原発事故の被災者は、家を買ったり、あるいは仮住まいのマンションを見つけたりして、しだいに出て行った。それを、家を流され、家族を失った人たちが見ていた。「お父さんがまだ見つかっていない」と泣いている人もいた。津波は天災だから仕方がない。それはわかっていても、不公平感を拭《ぬぐ》い去ることは難しかった。

一世帯で一億円を超えることも!?

福島で払われている損害賠償金は、半端な額ではない。事故のあと、国はまず、原発から二十キロ圏と、飯館村など汚染の多かった地区から住民を避難させた。そのあと、汚染の程度により、そこを「帰還困難区域」「居住制限区域」「避難指示解除準備区域」の三つに分けた（現在は、除染を進めた結果、「帰還困難区域」以外の避難指定は、すべて解除されている）。

避難しなければならなかった人には、その状況や時期に応じて、苦痛や生活費の増加分の損害賠償として、赤ん坊から大人まで、一人につき一律一カ月あたり十万から十二万円が支払われた。二〇一八年分まで前金で支払われたケースも多い。四人家族に支給される慰謝料を一人十万円として単純計算してみると、年間四百八十万円となる。これは、苦痛に対する慰謝料で、収入ではないため、課税はされない。なお、すでに受け取ってしまった賠償金は、本人が亡くなった場合は、相続人が受け取ることになるという。

それに加えて、実質の損害に対する賠償が出る。まず、事故のせいで失業した人には、事故がなければ得られたであろう利益ということで、事故前の収入がそのまま賠償金として支給された。もしも、その世帯の年収が五百万円だとすると、心身の苦痛に対する賠償四百八十万円に加えて、年収分の五百万円。これで一家の年収は九百八十万円となる。

また、事業を経営していた人、あるいは、酪農や農業、漁業などを営んでいたのに、事故後、その存続が不可能になった人には、その売上額も補償された。これらは事業の規模にもよるが、年間で億を超えることも稀《まれ》ではない。

さらに、宅地、建物、田畑、家財、山林などを持っていた人には、その価値に応じて、やはり賠償金が支払われた。補償額のほうは、福島第一、あるいは第二からの距離、汚染状況、また避難指示の期間に応じて決まる。つまり、ときに、道ひとつ、川ひとつで大きく違ってきた。

なお、これは家や土地の全損扱いの賠償なので、通常なら所有権は東電に移転するはずだが、今回の場合、将来、避難が解除された場合のことを考慮し、東電は所有権を放棄した。つまり、家や土地の所有権は元のままだ。しかし、今、住むために新しく購入した家は、やはり東電が支払ってくれる（後述）。(http://www.mext.go.jp/b_menu/shingi/chousa/kaihatu/016/shiryo/__icsFiles/afieldfile/2013/12/26/1342848_3_1.pdf)

賠償金受給者の証言

福島第一原発の一号機が水素爆発して以来、家に戻れないままの村田功二さんに、郡山駅で会った。

村田さんの自宅は帰還困難区域にあったので、賠償の面から言うと、最高ランクの額をもらっているグループに属している。

村田さんは言う。「賠償の話は、すれば必ず摩擦が起こるので、もう誰もしません。たまたまそのとき、住民票をほかの場所に移していた人はもらえません。気の毒だとは思うけど、誰も何も言わない。とにかく、皆、疑心暗鬼です。それがために結婚できた人もいれば、結婚できなくなった人もいる。もちろん、口もきかなくなった親戚もいるわけです」

村田さんの受けている賠償を数え上げると、長いリストができる。まずは、避難しなければならなかった人たちが一律にもらった百万円の見舞金と、一カ月十万円の慰謝料。そして、不動産に対する賠償。村田さんの家は事故の当時は築五年。高台で広いので評価額は高い。

「慰謝料の一カ月十万円という金額は、自動車事故などの場合を参考にして決めたようです。だけど、これが長くなりすぎた。だから、パチンコやスロットはいつも満員だし、毎週のように子供を連れてディズニーランドへ行く人もいる。郡山では、デパートや不動産屋なんかも、つぶれそうだったのが、皆、見事に生き返りました」

普通、多額の賠償金をもらっている人は賠償金について語ってくれないので、村田さんは、まさに貴重な存在だ。

確かに、私が見ただけでも、郡山駅のすぐそばに二軒、巨大なパチンコ・スロットの店があった。駐車場は満杯。どちらも新しくできた店だという。

「東電宝くじ」

また避難者には、東電だけではなく、国、地方公共団体、民間機関なども支援をしている。

たとえば福島では、復興住宅ではなく、一般の賃貸住宅に住んでいる人には、月に六万円の家賃の補助が出る。村田さんも震災直後は避難所を転々としたが、今は、自宅の近隣の市でアパートを借りて住んでいる。その補助金が一年間で七十二万円。これは避難命令が解除になっても、さらに一年間もらえるそうだ。

「僕はこの補助は、本当は、自宅に戻った人にあげたらいいのではないかと思いますがね」と村田さん。

さらに聞くと、住民税も健康保険も無料。診療の際の個人負担もなし。NHKの受信料も、子弟の学費、大学の学費も免除。もちろん仮設住宅は無料。復興住宅のほうは所得に応じて家賃が発生するが、損害賠償や慰謝料は所得として計上されないので、そうなると、収入の少ない人が大半で、やはりタダ同然らしい。

驚いたのは、乗降地のどちらかが福島県内であれば、高速道路の料金が無料になること。

「日本国内どこまで乗ってもタダです。だから、免許証は更新したけれど、住所は元の町のまま」

そう言って、村田さんは、免許証と被災者カードを見せてくれた。

皆が、避難者を応援しようとして、一生懸命いろいろな支援をしていることはわかる。ただ、これでは元々の市民とのあいだに確執が起こるのも無理はない……。唖然《あぜん》とした私に、「僕たち仲間内では『東電宝くじ』と呼んでます」と、村田さんは他人事《ひとごと》のように笑った。

御殿は転売して現金化

しかし、何といってもいちばん驚いたのは、家の購入についての話だった。避難を指示され、移住を余儀なくされた人たちは、他の土地に、元の家に見合った代替の家を買うと、それを東電が支払ってくれるそうだ。これは住居確保損害といい、査定は、結構寛大だと村田さん。

ただ、腑《ふ》に落ちないのは、損害が発生しているという事実が確認されれば、領収書さえ出せば、東電は一週間ぐらいで全額を支払ってくれるという話だ。登記簿か何かを提出しなければならないかというと、それも要らないらしい。

「だから、買った家を、即、売ってもいい。同じ値段で売れば、現金化できます。または小さな家に買い換えて、あとは貯金したりと、自由自在です」

驚いた私が思わず、「じゃあ、村田さんは、なぜそうなさらないのですか?」と尋ねると、「これからですよ」という答えが返ってきた。我ながら愚問であった。

「だから皆さん、お金オンチになってしまった。被災者に対する説明会とか、お年寄りの葬式に行くと、外車や高級車がずらっと並んでます。家だって、広い屋敷に住んでいたので、狭い所には住めない。そうするうちに、土地が飛ぶように売れていくという現象が起きたんです。だから今、こんな高い固定資産税なんて払ったことがないと泣いている人もいる」

私は、いわき市の賠償御殿を思う。

「とにかく、地元の住民は面白くないことばかりでしょう。病院に行けば、いつも混んでる。市役所には、原発被災者が朝から寿司食ってるって、苦情の電話が入る。せっかくコツコツ預金してマイホームと思っていたのに、東電宝くじの連中のためにその夢も遠くなった」

そこで私が口を挟んだ。

「でも、東電宝くじと言っても、東電が払っているわけではないでしょう」

すると、「そうです」と、村田さんは言った。

「日本政府と各自治体が出しています。東電の分は、東電に電気代を払っている東京都民です」

賠償金七兆円は国民の負担

二〇一七年までに支払われた損害賠償の総額が七兆五千億円だということは、すでに触れた。では、この大金はどのように捻出されているのだろうか。東電に訊いてみると、「賠償金の支払に必要な援助として、原子力損害賠償・廃炉等支援機構が当社に資金を交付する。同資金は、国債で賄《まかな》われており、国債の利息相当額は国が負担する。国債償還金（元本）は、原子力発電所を保有する電力会社が負担する一般負担金や当社が負担する特別負担金が原資となる」との回答があった。

簡単に言えば、政府は国債を売り、そのお金を無利子で東電に「交付」している（東電の説明では、「融資」ではない)。東電は、仮に遠い将来、この交付金を全額返済するとしても、それまで発生するであろう一千億円以上にのぼる利息の支払いは、国が負担してくれる。つまり、国民の税金が充てられる。そして、電力会社の負担する特別負担金は、村田さんが言ったように、多かれ少なかれ電気代に乗っている。つまり、どちらもほぼ国民のお金だ。

福島第一原発の事故が起こったあと、その損害賠償が東電の手に負えないことは、すぐに明らかになった。そこで、日本国政府と電力会社など十二社が共同で出資して、原子力損害賠償・廃炉支援機構が立ち上げられたわけだ。しかし、こちらもすぐに資金不足となり、同機構は二〇一二年六月より、日本政府から保証を受けて民間より資金を借り入れている。金融機関は、政府保証があるのだから、もちろん喜んで貸す。

さらにその翌月からは、政府は東電の発行した優先株式を引き受け始めた。また一三年十一月からは、政府保証債も発行し、賠償資金をどんどん調達している。政府が東電の優先株を買い増し、筆頭株主となった時点で、東電の経営についての決定は、政府の手に委ねられた。東電の実質国営化だ。これで、国のお金をふんだんに、事故の賠償に注ぎ込めるようになった。

早い話、原子力損害賠償・廃炉等支援機構というのは、東電が被害者に賠償する資金を、日本政府が税金で肩代わりするための仕組みといえそうだ。

「賠償をもらっている人の中には、これはちょっと多すぎるなと思っている人、いないんですか?」と尋ねると、うーん、と村田さんはしばらく考えた。

「思わぬ老後資金が確保できたってとこでしょうね。ほかの賠償に比べれば、多いですよ、明らかに。津波だけの人は、ほとんど何ももらってないし。だから、皆、東電でよかったねと言ってるわけです」

私は釈然としない。村田さんは続ける。

「だけど、一方では、国と東電が決めたやり方です。枠も基準も向こうで決める。ある意味、私たちは言いなりです。それが嫌なら、払わないっていうわけですから。まあ、その基準が相当甘いので、それほど不満はありませんけど」

私は驚いて、「え？　金額に不満のある人がいるんですか？」

「それはいますよ！」と、村田さん。

「たとえば？」

「たとえば、あいつに比べて俺は少ないとか」

私は再び言葉に詰まる。

しかし、そういえば、「兄貴と連絡がつかなくなったと思っていたら、埼玉県に家を建てたらしい」などと信じられないような話をしてくれた人もいた。「兄貴」は第一原発から二十キロ圏内で、弟は圏外。避難を強いられた兄一家は、のちに賠償金で家を建てたが、弟のほうは避難指示は出なかったものの、職を失い、生活は苦しい。お母さんは当初の避難生活の無理がたたったこともあり、亡くなってしまった。そして、兄弟は音信不通。福島では、そういう話は山ほどである。

風評を恐れて孫が来ない

仲本茂さんの家は雄大な自然の中にある別天地だ。隣家は何キロも離れている。少し離れた高台からは、遠景に福島第一の排気筒が見える。仲本さんの長年の職場だった場所である。

その仲本さんが、広大な土地を利用して、観光農業のような仕事で第二の人生を送ろうと考えていた矢先に、福島第一原発の事故が起こった。二十キロ圏内なので避難指示が出た。事故の二日後、まさか帰れなくなるなどとはつゆ知らず、大した支度もせずに家を出た。気温は零度。こうして苦難の避難生活が始まった。

避難の一日目の夜遅く、ようやくホテルを見つけたものの、二十キロ圏内の人は、自治体の線量検査を受けてからでなければ泊められないと言われた。すでにそういう規則ができていた自治体もあったらしい。そこで、寒さに震えながら、車中泊するしかなくなった。同行者には幼い子供もいたが、ガソリンが心配なので暖房もつけられない。その辛さと心細さは味わった者にしかわからないと、妻の美子さんは言った。三日ほどで済むと思っていた避難生活は、その後、三年半にも及んだ。

今、夫妻は自宅に戻っている。避難指示解除準備区域になったので、すぐに自主的に帰還した。

美子さんが、避難先でぼーっとしている仲本さんを見て、「このままではお父さんはダメになる」と思って急《せ》き立てた。住み慣れた自分の家に戻ってこられたのは、本当に嬉しかった。仲本さんも水を得た魚のように、あっという間に元気になった。

ただ、夢であった観光農業は緒にも就かない。肝心の旅行者が来ないからだ。

「東電には長年世話になった。だから今の気持ちは複雑」と仲本さんは言う。

何より悲しいのは、孫たちが一度も遊びに来ないことだ。放射能が怖いわけではない。福島に行ったとわかったあとの風評やいじめを恐れているのだ。確かに、いまだに、福島の女性は将来奇形児を産むなどという心ない情報を流している人たちもいる。

事故後から東北大学などで続けられているさまざまな調査で、「先天奇形や異常、早産の発生率は、全国的な発生率と変わらない」という結果がはっきりと示されているにもかかわらずである（調査は今も継続されている）。

「孫が遊びに来るまで、私たちにとって福島事故は終わらない」と語る美子さんの表情には、やり切れなさが滲《にじ》み出ていた。この大自然の中で孫を遊ばせることのできない悔しさは、他人の私にさえ、痛いほど伝わってくる。

ただ、お金のほうから見ると、仲本夫妻には、一生かかっても使い切れないほどの損害賠償が入っていた。そして、それがやっかみを生む。町で知った顔に会うと、「お宅はたくさんもらっているから」と言われて憂鬱になることがしばしばある。相手は悪気で言っているわけではないにしても、人々の思考は補償金のほうに集中してしまっている。それほど金額が多いからだ。

いわきに広がる不協和音

いわき市の高台に住む谷川亜紀子さんにも話を聞いた。津波にもやられず、放射能も飛んで来なかった。被害は、地震で家の壁に少しヒビが入った程度だった。多くの福島県民と同じだ。ただ、第一原発が事故を起こした当初はわけもわからず、皆と一緒に避難した。一時、いわき市はゴーストタウンになったという。

しかし結局、帰る家のある人たちは皆、すぐに戻ってきた。不便で寒い避難所の生活に耐えられなかったこともあるが、大きな理由は、四月に学校が再開したからだ。そのころ、多くの学校の体育館は、被災者の避難所になっていたのだから、その大混乱の中での授業再開には、賛否両論が飛び交った。しかし、結果的には、それが人々の帰宅を促し、地震で壊れた家につっかえ棒をしながらも、あっという間に市民生活が元に戻った。

いや、元に戻ったというのは正しくない。なぜなら、いわき市は、津波や地震の被災者、そして原発事故の避難者など、多くの人々を受け入れていたからだ。まずは仮設住宅が、それから復興住宅が建てられた。

いわきの人たちは口をそろえて言う。「いわき市民は団結していた」と。町の消防団など、昔ながらの繋《つな》がりが大いに力を発揮した。いわきの清水敏男市長に話を聞いたときも、震災当時の地元の結束を誇らしく話してくれたのが印象的だった。

谷川さんは言う。

「双葉郡（著者注・福島原発の立地地域）の人たちには同情しました。放射能のこともあって、気の毒に、皆さん、本当に小さくなって暮らしていらした。娘の高校には双葉の子もいたし、津波で家を流された子もいた。『大変だったわね』と皆で力を貸したのです」

ところがそのうち、賠償金の話が伝わってきた。

「もちろん賠償金をもらうのはいいんです。でも、その額があまりにも桁外《けたはず》れじゃないですか！」

それ以後は、とにかく不協和音の連続だった。

「大学受験になった。仲の良かった子供たちのグループでは、私たち母親も付き合いがあって、それまではときどき皆で食事をしたりしていました。でも、受験で明暗がはっきり分かれたのです。双葉の子は私立大学に受かったうえ、学費免除で大喜び。片や、家を流され、お父さんが失業しているお宅では、子供が国立に落っこちてしまった。私立の学費なんかとても出せない。お母さんが泣いていましたよ。賠償をもらっている人はお金が腐るほどあるだろうに、なぜ、学費免除なのよって、当然、皆が思います」

不動産上昇率、二年連続日本一

いわき市の不動産の値上がりは、二〇一五年、一六年と日本一だった。高級車の売り上げも好調で、ゴルフ場も夜の街も満員御礼。不公平感は膨張していたと、谷川さんは言う。

「スーパーで大きなカート二台分、山積みの買い物をしている人たちがいる。それを見て、皆が『あ、賠償金だ』と思うのは仕方ないですよ。今、いわきの新婚さんはマンションも借りられなくなっています。その脇に、土地を二区画も買って豪邸を新築している人たちがいる」

村田さんの話とまるで同じだ。二〇一二年の十二月には、いわき市の市役所の玄関の柱に、「避難者、帰れ」と落書きされる事件も起きた。

一方、もう一つの大きな問題になっているのが、自主避難の人たちだった。

通常、国が避難区域指定を解除すると、そこの住人は家に戻れるようになる。双葉郡広野町では震災の年の九月に避難指示が解除された。そこで広野町長はその半年後に帰町宣言をして、住民に帰ってくるようアピールしている（帰町宣言は賠償額とは関係がない。東電からの賠償金は、指示解除後一年間で打ち切られる）。

ただ、避難指示が解除になり、町長が帰宅を促したからといって、皆が帰ってくるわけではない。自主避難という形で、そのまま避難先にとどまる人もいる。

また、避難指定地域ではなくても、もともと自主的に避難していた人たちもいた。原発の事故の直後、いわきからもそのようにして大勢が避難したことはすでに書いた。

彼らの多くは、その後、たいていすぐに戻ってきたが、そのまま避難先で就職したり、都会のほうが便利だったりと、中には戻ってこない人もいた。それどころか、沖縄や外国へ「避難」したままの人もいるという。こうなると、避難というよりは引越しだが、これらの人々も含めて、自主避難者へは、自治体はこれまで六年間、さまざまな補助をしてきた。ただ、いわきのように三十四万人が普通に住んでいる場所からほかの所へ「避難」している人へ今なお金銭的支援がなされていることについては、地元ではかねてから疑問の声が挙がっていた。

復興を急ぎすぎた弊害？

二〇一七年四月、震災後、六年も経ったのだからということで、当時の今村復興大臣が、この人たちへの家賃の援助の打ち切りを発表した。記者会見で、「自主避難に関しては自己責任」と説明したのだが、あるフリーランス記者に質問攻めにされ、ついに「うるさい！」とブチ切れてしまった。この記者会見でのやり取りを全部読むと、大臣への同情の余地も大いにあるのだが、結局、非難轟々《ごうごう》となり、翌日、大臣辞任で幕切れ。マスコミは勝ち誇ったように、「皆、放射能におびえていて、帰るに帰れない」。だから、「母子家庭などで、路頭に迷う家族も出てくる」などと、国が自主避難者を切り捨てたように書いた。

そうだろうか?

津波の被災者には、国に切り捨てられてしまったと感じている人もいるだろう。しかし、原発事故の避難者で「金銭的に路頭に迷う家族」というのは、本当にいるのだろうか。

開沼博氏の『はじめての福島学』(イースト・プレス)は、そのあたりの事情を違った側面から分析していて興味深い。氏はいわき市生まれの社会学者で、現在、立命館大学衣笠総合研究機構准教授だ。福島で起こっていることを検証した数々の著書や論文がある。

開沼氏の著書には、福島県民と、それ以外の人たちのあいだの温度差が、端的に、余すところなく表現されている。と同時に、福島について、福島に住んでいない人間が論じるのはとても難しいということも感じさせてくれる。

『はじめての福島学』は平易には書かれているが、内容は正確なデータに基づいた検証だ。しかも、思想や政治信条の色付けがなく、読者に福島の実態を知らせることを主眼にして書かれている。福島で起こっていることを知ろうとする人にとってたいへん参考になり、そういう意味ではまことに貴重な良著であると、私は思っている。

開沼氏によれば、福島の復興は遅れてはいない。震災直後の仮設住宅の建設や予算策定は、「これだけの災害規模であることに鑑《かんが》みれば」、「早急になされた」。それどころか、復興が「早すぎた」ための弊害さえあるという。それはいったいどういう意味なのか。長くなるが、引用したい。

例えば、復興予算が一番わかりやすい。本来、復興予算は震災から5年間で19兆円を使うという前提で用意されていました。しかし、実際はこの19兆円の大方が早々に消化されてしまい、6兆円が追加されました。つまり、25兆円の予算になりました。

日本の予算規模を見ると、平成26年度一般会計予算は約95・9兆円ですから、その4分の1にあたります。さらにそのうちで税収は50兆円ほどですから、その半額である25兆円という予算の規模が相当なものであることはわかるでしょう。にもかかわらず、5年を待たずしてその合計25兆円の大規模予算も急速に減っていってしまったわけです。

なぜそのような現象が起きてしまったのか。さまざまな要因があるでしょう。ただ、その根底には強迫観念的に『復興が遅れている』と多くの人が認識し続けた、あるいはそう言い続けなければならない状況が存在していたことを理解する必要があります。

〈中略〉

行政も、支援者も、早急にプロジェクトをたて、予算をつけ、実行段階に移していく強い必要性を感じて懸命にアイディアを出し、企画を立て、書類を書いた。だからこそ、復興予算獲得の過当競争が起こり、早いうちにそれが目減りしてしまった構造があります。

空回りする善意と熱意

開沼氏によれば、人々の善意と復興に対する熱意が空回《から》りしているのである。しかも、大きなお金が動くので、当然、その取り合いも熾烈《しれつ》になる。自分のお金だと勘違いする政治家も出てくるだろう。実際、莫大な予算をめぐる不正事件も何度も起きた。

福島についてのマスコミ報道は一辺倒だ。報道されることを聞いたり、読んだりしていると、福島ではいまだに人の住めない所が多く、たくさんの人が県外に避難を余儀なくされたと思えてくる。しかし、同著によれば、震災前の福島の人口は二百万人ほどで、二〇一四年の時点で、県外に避難している人の数は四・六万人ほど。つまり、県外に流出した人の割合は、全体の二・三パーセントだ。

しかも、じつを言うと、福島からの人口の流出は、なにも今に始まった話ではない。また、震災後の製造業の不振は、もちろん津波や原発事故のせいもあったが、リーマンショックの影響も大きかった。さらに言うなら、人口流出や経済不振といった諸問題は福島だけではなく、全国の地方で、すでに長年、取り上げられている現象でもある。

福島では、もちろん、原発事故による取り返しのつかない被害があった。そして、それはまだ収束をみていない。とはいえ、多くの問題はすでに以前からあり、原発事故、震災、そして、運の悪いことにリーマンショックとも複合して、その被害がさらに拡大されたというのが妥当な見方ではないかということを同著は教えてくれる。

現実的で冷静な福島の人々

今、政府が試みているのは、それらの被害を、莫大な予算を使って改善することだ。そして、改善は少しずつ、しかし着実に実を結んでいる。

それにもかかわらずマスコミは、いまだに福島にはあらゆる問題が山積していると強調する。福島についての報道は受難の物語であり、たとえ喜ばしいニュースであっても、どこか悲しみに彩られていなければならない。この姿勢が結果的に、復興の足を引っ張る要因となっているのではないか。

肝心の福島県民は、思想的に凝り固まっているわけでも、情緒に流されているわけでもなく、マスコミに影響されることもなく、すべてを現実的に見ている。彼らは部外者と違い、ここで生活していかなければならない。それは、「危険を承知で」とか、「嫌だけれど」という意味ではなく、まさに、ここが彼らの故郷であり、生活の基盤であるからだ。

放射線に対しても、彼らの考え方のほうが、少なくともマスコミの報道よりよほど冷静だ。当事者なのだから、勉強もしている。

「福島事故以来、どこを見たって線量が表示されているんですから、今日は風向きがこっちだから、ちょっと上がっているだろうとか、全部わかる。でも、多少線量が上がったって、それが危険だと思っている人はいませんよ。最初は心配したけれどね」と、私が話を聞いた人たちは、口をそろえてそう言った（ただ、中にはそうでない人もいるので、食品や水の放射線基準値に関しては、第四章で詳述したい）。

いずれにしても、福島では除染はもちろん、さまざまな復興が進んでいる。しかし、それでも人口が戻らない。

「一度、いわきみたいに便利な所に住んじゃったら、そりゃ、戻れないですよ。『故郷を返せ！』『元通りにしろ！』などと言っているけど、元通りになったって帰らない。津波やら原発の事故の起こる前から、皆、いわきのほうを見て生活していたんです。それに今、双葉は当時よりさらに不便になっているんだから」というのは、やはりいわき市の住人、澤口典子さん。

確かに、以前より便利な所に住んで、お金があれば、帰る理由はどんどん希薄になっていく。子供はすっかり新しい土地に馴染み、新しい故郷ができる。それは当然の話だ。

一方、自宅がいまだに帰還困難区域になっていて、帰りたいけど、帰れない人ももちろんいる。「今まで、裏の畑から摘んできた物を食べていたのに、スーパーの野菜はまずいよ」と寂しそうに語るお年寄りを見ると、故郷を失ってしまった悲しみがズシンと伝わってくる。ただ、同時に、「でも、今は病院も近いし、便利だから」と、彼らは現状の利点もちゃんとわかっている。経済的な心配ももうない。

福島の人々の心の中では、さまざまな思いが交錯している。

「あれは別荘だから」

仮設住宅や復興住宅を見るたびに、「本当は住んでいない家も多くてね」という話を聞いた。新しい住所に住民票を移すとさまざまな援助がなくなるから、そのままにしておくのだそうだ。村田さんの免許証と同じ。それが本当なら、そのお金を負担している国民に対してフェアじゃないと思う。

住所を仮設住宅に置いたままにしていることを皮肉られたある人は、新築した豪邸のことを「あれは別荘だから」と言ったという。何もしなくても、働いていたときよりもずっと多くのお金がもらえる状態が何年も続いてしまった人たちの心境は、曇りガラスのようで、ときによく見えない。

広野町には、「息子がようやく就職したけれど、彼の納める税金が原発の被災者の浪費に使われるかと思うと、腹が立つ」と言っている人がいたが、その気持ちもよくわかる。

ただ、避難の実績と賠償金の額に密接な関係がある限り、納得できないことは多々起こる。他人がやるなら、自分もやらなければ損と考えるのは当然の話だ。他人を責めることは簡単だが、自分ならどうしただろうと考えると、よくわからない。ひょっとすると私も、その状況になれば、もらえるお金はもらっておこうと思うかもしれない。

政府が「避難指示解除準備区域」と「居住制限区域」の避難指示を二〇一七年三月ですべて解除したことはすでに述べた。それと同時に、一ヵ月一人十万～十二万円の賠償も、一八年三月末で打ち切られることになる。そのほか、東電が事業者などに支払ってきた風評被害に対する賠償も、二年分を一括で払って、そのあとは原則なくなる予定だという。「帰還困難区域」、つまり、まだ家に戻れず、これから先も賠償を受ける人の数は、およそ二万四千人と推定されている。

ところが、国のこの解除決定に対し、被災者のあいだで大きな抵抗があった。その挙げ句、あちこちで訴訟まで起こっているのである。

月三十五万円の慰謝料要求

二〇一六年三月の報道によれば、双葉郡浪江町の住民一万五千人が、一ヵ月一人十万円の慰謝料を、三十五万円に増額してほしいという要求を東電に出した。浪江町自身が、住民の代表として提訴している。

同町には、当面帰宅ができない「帰還困難区域」がある。そこの住民に対して、東電は通常の賠償や補償のほか、一人当たり、さらに七百万円の一時金を支払った。つまり、町民のあいだで、賠償金の額に途方もなく大きな差ができたのである。

私が興味深く思うのは、原告である浪江町が挙げている提訴の理由だ。「住民のあいだで不公平感が高まっている。だからこの際、一律二十五万円を上積みして、皆が毎月一人三十五万円をもらえるようにしてほしい」。

二〇一六年三月二日の日経新聞は、「『放射線という見えないリスクの線引きで住民の分断を引き起こす原発災害の現実を訴えたい』というのが、同町の産業・賠償対策課の見解」と報じた。普通の感覚ではちょっと信じがたい話だが、同記事は、「避難者には慰謝料打ち切り後の不安が募る」と主張した。

この件では、国の原子力損害賠償紛争解決センター（ＡＤＲ）が調停に当たった。ＡＤＲは、二十五万円の上積みはいくら何でも高額すぎるとして、五万円を提案し、浪江町はそれをのんだ。月々一人当たり十五万円だ。しかし、これは東電が拒否したという。このような前例を作ると、それが他の地域にもどんどん波及していくことは避けられない。そうでなくても、訴訟は全国に広がりつつある。

南相馬の長井美佳さんは言う。

「皆、呆《あき》れてますよ。あの人たちまだお金が欲しいのかしらってね。断固戦うと言ってるけど、いったい何と戦うんですか？　自分の欲と？」

その横でご主人が笑いながら、「うちにも放射能が飛んできてほしかったなあ」

私が「東京では、国や東電が出し渋っていると思っている人が多いですよ。そういう報道が多いので」と言うと、美佳さんは目を白黒させて、「福島では、そんな記事は絶対にあり得ません。家を離れなければいけなかった人たちは、いろいろ気の毒なこともあるけれど、経済的にだけは、絶対に困っていません。福島でそんなこと書いたら抗議が殺到しますよ。こっちは家のローンも終わっていないのに！」とびっくりしていた。南相馬では、放射能の汚染は小さかったものの、津波の被害が甚大だった。

村内にできた賠償金格差

二〇一七年の四月、双葉郡川内村《かわうち》の遠藤雄幸村長に話を聞いた。川内村は、人口三千人足らずの小さな村で、遠藤氏は二〇〇四年より現職。人気の村長でもある。

興味を惹《ひ》かれたのは、川内村のホームページ上のブログにあった氏の文章だった。

「精一杯補償や損害賠償をしてもらうことは重要ですが、それ以上に大切なことは村民が生きる意欲や誇り、目標を見失わないようにすること。夢や生きがいを見出せないところに、いくらお金だけつぎ込んでも、それは本当の復興にはなりません」

遠藤氏は、早い時期から、年間で百回を超える懇談会や説明会を住民にしてきたという。そして、やはりここでも、地域の中の不公平感というのが大きな問題になっていた。

川内村は八つの行政区からなる。そのうちの一つが、福島第一原発からちょうど二十キロメートルの所で分断されているため、小さな川、あるいは道路を境にして、補償や賠償をしっかりもらえている人と、そうでない人との大きな差が生じてしまった。二十キロ圏外は、月十万円の慰謝料も二〇一二年八月で終わり、また、森林の木材に対する補償はあったが、土地に対する補償は元々なかったという。

「遺失への賠償ですから、ある程度の基準の中で、金額が示される。それを受けるのは当然の権利ですけれど、そこをどう受け止めるかによって、その人の生き方が変わってきたことは間違いないと思いますね。妬《ねた》みとかもあるでしょうし、住民感情もそれによって複雑になってきています。

それまでは同じ地域で一緒にやっていた人々なのに、今、必ず出てくるのが『あなたの所はいいよね。賠償をたくさんもらって。まだもらってるんでしょ』という言葉。逆に二十キロ圏内の人は、『あなたの所は自由に家に戻ってこられていいじゃないの』という言い方をします」

村では、格差を少しでも是正しようと思って、二十キロ圏外の人に十万円の金券を配った。地域でしか使えない金券なので、経済的な効果も期待した。二〇一六年まで、金額は減らしたものの金券は配り続けた。しかし、賠償の格差は何百、何千万円なので、この程度では村民の不満は解消されなかったという。

「だから、金券はもうやめました。それひとつ取っても、地域が分断され、隣同士がギクシャクしていることがわかる。また、お金だけではなくて、家族の中でも放射線量への感じ方が違って、家族の一部が県外にいるという世帯もある。また最近では、戻る人、戻らない人という二極化が鮮明になってきた。これも人々の気持ちと非常に複雑に絡《から》み合っています」

決意の帰村宣言

二〇一一年の九月、二十キロ圏外で避難指示が解除されたあと、遠藤氏はチェルノブイリに行った。迅速な行動だ。

「せっかく避難解除になるのなら、どうにか自分たちで戻れる環境を作っていきたいと思った。それで、その年の九月から十月にかけて、チェルノブイリの三十キロ圏内に入りました。それを見て、自分たちも十分戻れるなと感じた。そこで、住民と懇談会を何度もやりました」。

しかし最初のうちは、皆、まだまだ心配していた。特に子供を持つ若い世代は戻らない。学校も再開していなかったので無理はなかった。農家にしても、作っても食べられるのか、売れるのか？　そんな中、じゃあ、戻りたい人から戻ればいいと思って、二〇一二年一月、帰村宣言をした。そして、まず、役所を機能させることが最重要と思い、役場の人間が真っ先に戻って復興を進めることにした。

「帰村宣言というのは、村長の一存でできるものなのですか？」と質問すると、笑いながら、「何の説得力も制限もない宣言ですよ」と遠藤氏。しかしその後、企業を誘致したり、ビジネスホテルやアパートを建設したりして、住民の帰還を促した。二〇一七年五月現在、川内村の帰村率は八〇パーセントを超えた。

ただ、人口について、遠藤氏の考えはやはり現実的だ。

「八割が帰村していると言いましたが、この人口は、元はと言えば、二十五年から三十年後の未来の姿だったのです。それに向かって少しずつ人口が減少していくはずだったのが、震災によって急激に減った。年齢構成だって、超がつくくらいの少子高齢化地域です。ですから、復興もやっていきますが、急激な人口減少にどう対応していくかが重要な課題のひとつであることは変わりません」

前述の開沼氏の言葉とぴったりと重なる。

「そしてもうひとつの問題は、現在、復興バブルのような形で経済が膨《ふく》らんでいること。この村は通常ならば、年間三十億円の予算規模なんです。それが、ここ四、五年ぐらいで、その三倍から四倍の仕事をやってきました。それが今、除染も終わり、萎《しぼ》もうとしています。一度膨らんだものが急激に萎もうとするときにいろいろな問題が発生していくのかなと……」

やるべきことはたくさんある。村長の責任は重い。

「でも、被害者意識だけでは問題の解決にはなりません。それは自明のことです。だとすれば、自分たちで考えて前に進んでいったほうが楽しいかなと、そういうふうに思います」

「未来は自分たちで決めていく」

福島の取材中、「楽しい」という言葉を使った人は、津波ですべてを失って仮設住宅にいた中峯さんと、遠藤村長だけだった。

「震災の前の状況にならなければ、復興が完成しないなんていうことになったら、復興はないです。百パーセント昔と同じ状況なんてあり得ない。だから、そこは自分たちが柔軟に。ましてや、自分たちの村、自分たちの自治ですよ。国や県や東電に委ねるつもりなんかありません。自分たちの未来は自分たちで決めていく。これは当たり前だと思います」

川内村には、代々ずっと同じ所に住んできた人が多かった。そういう意味では、地域が自分のアイデンティティとなっている。そこを離れた多くの人を、不安や閉塞感が襲った。復興というのは、失った生き甲斐や誇りをどうやって取り戻していくかであると、遠藤氏は言う。

3・11とは何だったかという質問に、遠藤氏はこう答えた。

「一瞬にしていろいろなものを失いましたが、その失ったものの大切さに気づかされたのが、今回の事故なのかなと思います。たとえば、村を離れることによって、日本の原風景が残っている田舎の環境がどれだけ大切だったかとか、日々の何気ない生活がどれだけ愛《いと》おしく貴重なものだったかとか。人と人との関係もそうですし、そういったものを気づかせてくれたのが3・11だったと思います」

心に残った言葉だった。

第二章

東電は謝罪していないのか

百五十人の犠牲を出したドイツ航空機事故

福島で、「東電は謝罪をしていない」という声を聞いたときには、正直言って驚いた。

私は、東電は謝罪をしたと思っていた。社長をはじめ、役員も社員も、皆、事あるごとに謝罪の言葉を述べている。直接関係のない私でさえ、一度ならず耳にしているのだから、謝罪していないはずはない。

それにもかかわらず、謝罪がないというのは、謝罪がないように感じているということだろう。となると、主観の問題だ。あるいは、心からの謝罪がないとか、もっと態度で示せとか、そういう意味かもしれない。

ただ、「謝罪がない」と言う人に、では、どういう謝罪を求めているのかと尋ねると、具体的な答えは返ってこない。

こういうとき、私がつねに思うのは、ドイツと日本での謝罪の違いだ。

二〇一五年三月、フランスのアルプス山中に、ドイツのジャーマンウィングズ社の飛行機が墜落し、乗客と乗務員百五十人の全員が死亡した事故は、まだ記憶に新しい。ジャーマンウィングズはルフトハンザの子会社だ。

墜落した場所は剣呑《けんのん》な山中だったので、事故処理は困難を極めた。最寄りの村に緊急対策事務所が設けられ、犠牲者の遺族もそこに集まった。

説明会の場には、遺族や報道関係者を前に、ルフトハンザやジャーマンウィングズの代表がそろった。日本であれば、全員が深々と頭を下げて、謝罪する場面である。

しかし、ここではそうはならなかった。

前に立った航空会社の代表や警察関係者は、状況説明をし、大事故の起こったことを深く憂い、遺族と悲しみを共にすることを誓い、事故の原因追及に全力を尽くす決意を表明した。しかし、誰も「ごめんなさい」は言わない。なぜか？　謝るべき人、つまり責任者がまだわからないからである。

滅多なことでは謝罪しない欧米企業

欧米では、当然のことながら、謝罪は、誰が自分の罪を認めたかということが明確にならないと、成立しない。そして、一旦罪を認めて、謝罪をすれば、被害者に対しての賠償責任が出てくる。謝罪は賠償義務、すなわち「お金」に直結する。

ただし、罪を認めるためには、法律を犯したという前提が必要だ。法治国家においては、法律を犯していない限り、罪は犯していない。

このフランスでの飛行機事故の場合、その後の調査により、副操縦士が精神病を患っており、機長がトイレに立ったときにコックピットに施錠し、故意に山に激突したと言われた。詳細に計画し、自分の自殺に百四十九人を道連れにしたらしいのである。うちドイツ人犠牲者は七十二人。高校生が十六人もいた。

日本人なら、この責任は、当然、航空会社にあると考える。こんなパイロットを雇った会社が悪い。墜落したのは航空会社の責任だ、と。

しかし、ドイツではそうはならない。航空会社は、パイロットの健康診断を然るべき医療機関に委託している。その医療機関がOKを出したのだから、航空会社に落ち度はない。ではその医療機関はというと、決められたマニュアルに則ってチェックしているのだから、やはり自分たちに落ち度はないと言うだろう。落ち度があるとすれば、そのチェックリストの基準自体にあるし、そもそも医者は、守秘義務を課せられている。何やかんや言うのなら、まず守秘義務を取っ払え……。こうして加害者探しは、関係者のあいだでババ抜きのように続いていくことになる。

ふつうの法治国家では法律のみが指針だが……

この事故の場合、犠牲者の家族は、まずはルフトハンザから五万ユーロ（六百万円程度）を見舞金としてもらっただけだったそうだ。しかし、ルフトハンザによればこの額は、「法律で定められている慰謝料の通常額よりも三万ユーロも多い」。

さらに、犠牲者が死の不安を味わった苦痛に対する慰謝料として、一家族につき二万五千ユーロが支払われた。こちらは法的に定められている額だという。

その後、ルフトハンザは慰謝料として、犠牲者一人につき一万ユーロを支払ったが、これについては、義務ではなく、自発的に払ったものだと強調した。

保険会社も、事故の責任者が特定されないうちは、もちろん支払いを拒否。それどころか、一時ルフトハンザは、自分たちも事故を起こしたパイロットの犠牲者であるという理屈を編み出したため、遺族の怒りは爆発した。

いつまで経っても罪のありかが決まらないことに業《ごう》を煮やした遺族は、一年が経過した二〇一六年三月、アメリカのとある弁護士事務所に賠償金の交渉を依頼したが、この提訴は却下され、うまくいかなかった。

そうこうするうちに、ドイツの事故調査委員会は、事故の責任は副操縦士だけにあるという結論に達した（フランスの調査はまだ結論が出ないまま続いている）。つまり、航空会社に責任はない。遺族会は、現在、一人当たり三万ユーロの慰謝料を要求しているが、ルフトハンザはそれを拒絶した。法的な責任がないのなら、払う義務もない。すでに自発的に一万ユーロは払っている。

ところが、すべての責任が副操縦士にあるという結論に対して、今度は副操縦士の家族が異議を唱えた。家族は、副操縦士が精神病であったということを否定しており、事故の調査結果が正確ではないと主張している。こうして、事態は三つ巴《どもえ》どころでなく、保険会社なども含めて、大混戦になってしまった。

いずれにしても、すでに支払われた一万ユーロが慰謝料の全額であるということは遺族にとっては受け入れがたく、担当の弁護士は、人間の命がベンツの中級車一台よりも安いとしたら、おかしいことだと主張している。

つまり、私の言いたいのは、日本以外の法治国家では、普通、賠償に関して感情などいっさい入らないということだ。是か否かの判断は、法律のみが指針となる。「心から謝れば許し合える」という考えが通用するのは、日本以外の国では、夫婦間で浮気がばれたときぐらいだ。つまり、個人の間の感情がもつれた場合に限る。だから、「そのお気持ちだけで結構です」などという奥ゆかしい感情もないし、通常、敵に塩も送らない。

それが良いと言っているわけでは、もちろんない。しかし、もし、福島第一原発のような事故が日本ではなくドイツで、あるいはどこかほかの欧米の国で起きていたならば、電力会社は、相応の慰謝料は支払ったかもしれないが、「加害者」という立場を一手に引き受けることだけは絶対に避けようと全力抗戦したのではないかと思うのである。

東電がお詫びのしるしに励む仕事

ショックを受けたテレビ番組がある。二〇一六年一月十四日の深夜に放送された「社員たちの原発事故／東京電力 復興本社」というドキュメンタリーだ（NHK総合）。

現在、東京電力の正式名は、東京電力ホールディングス株式会社で、その傘下の一社として、一三年一月に、福島復興本社が設置された。福島の復興関連業務を統括し、賠償、除染、被災者の要望などに幅広く対応するための会社だ。事務所はいわき市で、社員が三千三百人。東京など各地の支店から異動してくる五十歳前後のベテラン社員が多いという。

復興本社の仕事のひとつに、清掃・片付け、除草、除雪、荷物運搬、田んぼの側溝の清掃などがある。

かつて七千六百人が暮らしていた双葉郡の楢葉《ならは》町では、全員が避難を強いられたが、二〇一五年の九月、ようやく避難指示が解除された。しかし、帰還しようと思っても、家は荒れ、庭は雑草が生い茂っている。そんなとき、東電の福島復興本社に電話をすると、社員が必要な道具をすべて持って手伝いに来てくれるという制度だ。料金は無料。住民からの依頼は一日数十件という。

NHKのドキュメンタリー番組は、この清掃に従事する復興本社の社員二人を、三カ月密着取材したものだった。

二〇一五年十二月二十五日、初詣を控えた神社の境内から番組は始まる。

青い作業服に長靴を履《は》いた一団が並ぶ。定年が近そうな人から若い社員まで二十人ほど。復興本社の社員以外は、他の部署から、この日、自主的に手を上げて清掃活動に加わった東電の社員たちだ。復興本社設立以来、この活動に携わった社員は延べ三十四万人。現在、東電の社員は三万三千人なので、各社員が平均十回ほど参加した計算になる。

「おはようございます。まず、この場をお借りしまして、福島第一発電所の事故に伴いまして、たいへん長きにわたり、ご迷惑、ご不安をおかけしていることを、深くお詫び申し上げします。まことに申し訳ございません」

作業は、どこでも必ずこの言葉から始まる。そして、全員で深く頭を下げる。

その日の仕事は、お正月前のすす払いだった。お社《やしろ》の隅々まで雑巾がけをし、境内の溝に這《は》いつくばって手を突っ込み、懸命に掃除をする社員たち。清掃が終わると、たくさんの大きなゴミ袋を、二人一組で車に運んでいく。その後ろ姿が、限りなく悲しい。見ていてこちらのトーンが下がっていく。

依頼の筆頭は草刈り

この番組では、二人の社員に焦点が合わされている。忠地幸寿さんは六十歳（当時）。楢葉町の担当で最年長だ。三年前、東京の多摩支店から転勤になり、現在、いわき市に夫人と二人で暮らしている。

そしてもう一人が、宍倉秀男《ししくら》さん、五十五歳（当時）。前年の秋、彼も楢葉町に配属された。一Kのアパートで初めての単身赴任をしている。三十年以上、変電設備を管理する技術者だった宍倉さんが福島でまず習ったのは、本格的な電動草刈機の使い方。草刈りは、住民からの依頼が最も多いからだ。

十一月中旬、忠地さんはスタッフと共に、ある民家の片付けに出かけていく。家主は八十代の老夫婦だ。

家は四年半で、すっかり荒れている。どこもかしこもネズミの糞《ふん》だらけ。社員が、大きな家具を一つ一つ他の部屋へ移しては、清掃していく。そのあと、埃《ほこり》のなくなった畳を、一生懸命雑巾掛け。

見違えるようになった部屋に座り込んで、書類の整理が始まる。ご主人が山のような書類に目を通しながら、必要なものとゴミとを選《よ》り分けていくのを、忠地さんが横で根気よく待つ。

その書類の中から、事故の前に配られたという東電の広報誌が出てきた。原発についての説明だ。

「これは取っておくんですか？」と、忠地さん。

「一応、やっぱりね」と、ご主人。

そこでナレーションが入る。「安全だと信じてきた原発。○○さんは改めて、そこに書かれていたことを確かめようとしていました」

また違う日は、空き地の草刈。依頼主によれば、「津波で家を流された親戚がここに家を建てるから」だという。

草はすでに草とは言えず、皆、かがみこんで格闘している。根を深く張った木を切るため、必死でのこぎりを引く忠地さん。これが真夏なら、どれほど大変なことだろう。しかしこの日はそのうちに、雲の垂れ込めた空から冷たい雨が降ってきた。忠地さんの帽子から雨が滴《したた》り落ちている。

「嘘をついてしまった」？

忠地さんは、長野県出身だ。五歳のころ、自宅に通った電気に感動し、東京電力に就職した。長年、料金関係の仕事に携わってきたが、五十歳のとき、広報の仕事に就いた。発電所の必要性をアピールするため、見学希望者を福島第一原発に案内することもあったという。

忠地さんは、ポツリポツリと語る。「安全性を説明してきたわけですよね。こういう場合はどうなるのっていう、その質問に対しても、そういうときにはこうだよって、そういう答えがありましたから。だから、それが違ってたということについては、嘘ついちゃったな……という、そういう思いがありますね……」

嘘ついちゃった？

彼は嘘をついたのだろうか？　危険だと知っていながら安全だと言えば、嘘だ。しかし彼は、本当に安全だと心から信じていたのではないか？

取材者が家主に、「こういう活動についてはどう思われますか？」と問うたとき、返ってきた答えも私を驚かせた。

「当然、やらなきゃね。これほどみんな苦しんでるんだからね。やってあげるのは当たり前だと思うんだよね」

そして夫人が笑う。「畳も汚れてたでしょう。ネズミの糞、いっぱいだったもん」

じつはこの夫婦は、番組の後半にもう一度登場する。二度目の依頼は庭の草刈り。「以前のように、果物やハーブを楽しめる庭に戻してほしい」というのが希望だった。

作業の終わったあとの会話がまた印象的だった。「みんな、上からの指示でやってるんでしょ。私らから見れば、気の毒だなって思うけど」という夫人の言葉に、「納得できないと思うね、みんな」というご主人の言葉が続く。そこで私はてっきり東電の社員に同情しているのかと思ったら、そうではなかった。「われわれ、あと何年もないのに最後に来てこういう惨《みじ》めな生活でしょ。許すことができないと思う」とご主人。

年を取った人の五年は大きい。許しがたい気持ちもわかる。しかし、それにもかかわらず、番組を見たあと、違和感が強く残った。

社員が、組織の一員として会社の持つべき責任の一端を担うことは正しい。しかし、ここでは、会社の責任と一社員の役割が、限りなく混同しているように思えた。この社員たちは経営者ではない。何か罪を犯したわけでもない。なのになぜ、被災者の「許すことができない」という感情を、正面から一手に引き受けなければならないのか。

そう思い始めると、この番組を心穏やかに見ることはできなくなった。掃除をするのが悪いとは言わない。這いつくばるのがおかしいとも思わない。そんなことを言っているのではない。ただ、これが彼らの仕事なら、謝りながらするのはおかしいのではないかと思ったのだ。

会社の責任を一身に引き受ける社員たち

宍倉さんの初仕事は、九州に避難している家族の家の片付けだった。「帰宅する準備の手始めに、納屋《なや》の中にあるものを全部処分してほしい」というのが依頼の内容だ。家主は不在。納屋には、子供用の自転車、壊れた犬小屋、餅つき用の臼《うす》など、おそらく何十年も使っていなかったと思われるさまざまな物が詰まっていた。それを見ているうちに、自宅に戻れないいま五度目のお正月が過ぎるのは気の毒だが、しかし、これは別の話ではないかと思えてきた。納屋の片付けは、福島の事故が起こるずっと前から、この家の持ち主が、いつかやらなければならないと思っていたことだったのではないのか。

宍倉さんは、五年前の福島の事故に大きな衝撃を受けた。その後、自分もいつか福島に配属されるだろうと覚悟したという。あれだけ大きな事故を起こしたのに、自分は全然関わらずに、東京電力の社員だといえるのかと、自分の中でも葛藤のようなものがあった。悔いが残るのは嫌だった。

「住民の気持ちに応えるためには何でも屋みたいな形を取らなければいけないのかな？」

「……自分の会社人生がこういう形になってしまったことは、受け止めなくちゃならない」

彼もやはり、歯を食いしばって、会社の責任をわが身で引き受けようとしていた。

宍倉さんも忠地さんも口調が重い。毎日、謝りながら続ける仕事が、精神を高揚させるはずもない。

「キツイときもありますよ。でも、それは自分がへこたれないよう、少しずつ、少しずつやるしかないと思うんです。途中でやめられないですからね、これは、はい」。そう言って、口をきりりと結ぶ忠地さん。あと五年、福島にとどまり、清掃活動を続けていく覚悟だという。

「事故を起こした加害者だと見られていることは悲しいですね。悲しいというか、そこをどうにか、許していただきたいというところから……」

〝許していただきたいという気持ちからこの仕事に励んでいる〟と、きっと忠地さんは言いたかったに違いない。しかし、実際には、彼はここで言葉に詰まり、黙り込んだ。そして、しばらく間を置いてから、少し恥ずかしそうな笑みを見せた。

「ちょっと甘いですかね、考えが」

そこに取材のスタッフがたたみ込むように迫る。「許されるってどういう状態なんですか?」

「うーん」と、忠地さん。再び長いあいだ考え込んだ末に彼が発した言葉は、聞いている私を悲しくさせた。

「許されないと思います。きっと。許してくれない。いろんなもの、めちゃくちゃにしてしまいましたんでね。許してもらえそうにないですね」

このとき再び、何か違うという感情が、私の心の中で激しく渦巻いた。

東電の社員も加害者なのか

忠地さんは「加害者」なのだ。福島に来て三年。ようやく近所で顔見知りも出来たが、東電の社員であるということだけは、まだ誰にも言えないという。めちゃくちゃになったのは、彼の人生も同じだった。

私には、NHKがどんな意図を持ってこの番組を作ったのかが、よくわからなかった。「避難者の不幸を忘れるな」なのか、「東電を絶対に許すな」なのか、あるいは、「原発再稼動反対」なのか? もちろん、真摯《しんし》なドキュメンタリーの可能性もないわけではない。

私はもう一度ビデオを見直した。しかし、やはり違和感は消えなかった。

人生にはいろいろなことがある。良いこともあれば悪いこともある。自分の責任ではないのに火事で焼け出されることもあれば、青信号で渡っていたのに車に轢《ひ》かれることもある。その挙げ句、満足な賠償さえもらえず、泣き寝入りすることも少なくない。

東北には、津波で愛する子供を、妻を、兄弟を、親を、友人を失った人がたくさんいる。一瞬で一万五千人以上が亡くなり、まだ二千五百人が行方不明だ。生きたかった人たちが、生きられなかった。皆、冷たい水の中で亡くなった。残された者の悲しみは言語に絶する。しかも、賠償はない。もしも自分の子供が津波にさらわれたら、と想像するだけで、私は息苦しくなる。

一方、原発の事故では、放射線が原因で亡くなった人は誰もいなかった。もちろん、多くの人たちが流浪《るろう》する羽目になり、精神的苦痛を負い、また、流浪の最中に亡くなってしまったお年寄りがいたことは知っている。避難者の自分の家に戻れない悲しさだって、話も聞いたし、ゴーストタウンとなってしまった家並みもこの目で見たし、少しはわかっているつもりだ。

しかし、賠償は支払われている。健康被害も出ていない。汚染食料が出回っているわけでもない。許しを乞うて、何でもする覚悟の東電の社員もいる。なのに「許さない」、「許せない」と、いまだに皆が怒っている。

なぜだろう？　これはいったい、いつまで続くのだろう？　そもそも、事故の六年後に、東電の一般社員が謝りながら避難者の家の清掃をしているということ自体がおかしくはないか。

「信頼の回復にはこれしかない」

復興本社の社長（取材当時）、石崎芳行氏にその疑問をぶつけた。お掃除軍団の胴元のような立場にいる人だ。すると、答えは明確だった。

「アメリカに行ったときも、会社が起こした事故に対し、なんで社員として謝らなければならないんだと言われました」と前置きをしながら、「でも一方で、もう一度信頼を取り戻さなければ会社は立ちゆかない。ですから、そのためにやるべきことといったら、社員が会社の看板を背負って、まずは謝ったうえで、被害者一人一人の要請にしたがって汗をかく。そして、その姿を見ていただいて、東電は嫌いだけど、あんたはこうして来てくれたから、話してあげてもいいよとか、そうやって関係を築いていくことしか方法がない。相手にとって責める相手は、目の前にいる東電社員です。社員と触れ合う機会を作っていかないことには、結局いつまで経っても東電憎しになってしまう。だから、これしかないと思っています。非常に日本的かもしれませんが」

そこで私はまたわからなくなる。このやり方は確かに日本的だが、それはそれでよい。ただ、その日本的な謝罪が機能するためには、謝られたほうは許さなければならない。ところが、それが何だかうまくいっていない。現に、「東電はまだ謝っていない」と言う人も、たくさんいるのだ。

「お詫びはいろいろな所でしたつもりなのですが、ご本人にとっては、『俺《おれ》の所には来ていない』、『私に直接、謝っていない』ということになります。それはわかっているのですが、なかなか回りきれず……」。

それを聞いて初めて、「なるほど、フェイス・トゥ・フェイスの一環として、お掃除軍団が汗を流すのか」と、少し合点がいった。

清掃活動へのさまざまな声

福島のあちこちで、いろいろな人にこの清掃活動について尋ねると、千差万別の声が返ってきた。「東電に頼めば、震災前よりきれいにしてくれる」とか、「前は草刈りなんてほとんどやらなかったけれど、東電がやってくれるから頼む」というような本音もあった。「そりゃあ、感謝してますよ!」と言う人もいれば、「ボランティアといっても、皆、東電からお給料もらってるんだから、別にボランティアじゃない」と切り捨てるように言う人もいた。

川内村の遠藤村長によれば、「米の作付けの前に、下準備が必要なんです。田んぼに水を流すときの用水路を確保するとか。それにはスコップで、手作業でやらなければならない。中には高齢者しか戻ってきていない世帯があるので、東電の職員の方にボランティアでお願いしています」ということだった。それ以上でもそれ以下でもなく、明快な返答だった。

一方、直接、この恩恵を受けていない人たちは手厳しかった。「電話一本で呼びつけて働かせるなんて、人間の下品さがモロに出る瞬間」と言った人もいれば、「テレビカメラは来る、世界中から支援は来る、お掃除はしてもらえるとなれば、皆、英雄気分でしょうよ」という皮肉もあった。

石崎氏も、おそらくそんなさまざまな声を知らないはずはない。しかし彼は、ひたすら態度で表す以外に東電が前進する手段はないと固く信じているようだった。

「日本の原発は大丈夫だと私も信じていて、福島第二原発の所長だったときは地元の皆さんに、地震が起きたら原発に避難してきてくださいとシャーシャーと言っていた。その自分を、今、恥じています」と語る石崎氏。おそらくその信念の背景には、贖罪《しょくざい》感が強く作用しているのだろうと思う。

「石崎さんのお考えに、社員はついてきているんですか？」と尋ねると、「今のところ、ついてきていると思っています」という答えだった。「実際にアンケートを取ると、いつまでやらせるんだという意見も若干あります。でも、ほとんどの社員は、やらなければいけないと……」

今ようやく、延べ三十四万人分の努力が積み上がってきた結果なのか、避難者の気持ちが少しほぐれてきたかなという感触はあるそうだ。

地元民の東電への屈折した思い

では一方で、謝罪してもらっていないと感じている被災者が多い理由は何だろう。フェイス・トゥ・フェイスで謝ってほしいということのほかに、まだ何か原因があるのではないか。自分たちの町にいる東電を誇りに思い、東電のメリットを十分に受ける一方、どこかに東電に対する屈折した思いも潜《ひそ》んでいたのではないかと、私は思った。

するると、石崎氏は言った。

「おっしゃるとおりですね。最初は福島第二原発に赴任しましたが、それまで聞いていたのは、福島は原発に理解のある土地柄だと。反原発の人はいないし、地域対応には苦労はないというのが、東京の本社内での風説でした。ところが、赴任してすぐのころ、四十年間勤め上げたという地元の社員の送別会に出席して衝撃を受けました。こちらとしては、彼の心の中には、思い出や、感慨や、感謝の気持ちが詰まっているのだろうと思っていた。なのに、その社員がマイクを持って言ったのは、『これまでは言いたいことも言えなかったが、これからは町の役員となって、東電を厳しく監視していく』と。そこで初めて、現実は甘くないぞと気づいたんです。案の定、地元の関係者と親しくなっていくにつれ、ポロポロと本音が出てきた。皆、東電から給料や仕事をもらっているので我慢するというような状況がずっと積み重なって、三十年、四十年が経っていた」

石崎氏の話は続く。

「だから私は、地元出身の社員、特に作業員さんたちを大事にしなければダメだと言い続けた。何か起きたらこれまでの不満が火を噴《ふ》くぞという不安がつねにありました。発電所長時代は土日も東京に戻らず、地元の人たちと徹底的にお付き合いをしましたね。潜水艦の艦長と同じで、何かあったら艦と一緒に沈むくらいの気持ちで、任期の三年間はこの地を離れるわけにはいかないと思っていました」

過疎地にやって来た金の成る木

東電の原子力発電に対する決断は早かった。

一九五〇年代の終わりごろは、まだ、石炭から石油への転換の最中で、新鋭火力の大容量化が進められようとしていた時代だったにもかかわらず、東電はすでに原発の候補地の選定を始めていた。その背景には、原子力のコストパフォーマンスに技術的な見通しがついたこと、また、将来の日本の発展に、絶対に原子力が必要になるという確信があった。

まもなく、福島県の双葉郡に白羽の矢が立った。双葉郡の南の小名浜地区には良港があり、工業地帯があった。北の相馬地区は観光資源もあった。しかし双葉の六町二村には何の産業もない。当時の県知事にとって、この過疎地に金のなる木がやってくるのは、願ってもないことだったのだ。

地元の大熊町、双葉町では、両町長が誘致に全面的に賛成し、さらに一九六四年には、東電と県の開発公社とのあいだで、「用地取得等の委託に関する契約」が締結され、あっという間に土地が買い上げられた。反対運動さえほとんどなかったという。

なぜか？　一九五〇年代の福島は貧しい土地だったのだ。当時は、現在のように高価なブランド米や高級果実、純米大吟醸酒などがもてはやされる時代でもなかった。多くの農家では冬場には収入が減り、一家の稼ぎ頭《がしら》の男たちが都会に出稼ぎに行かなければならなかった。

でも、原発が来れば、一年中、家族が離れ離れにならずに過ごせる。「冬に父ちゃんが家に居る！」。この喜びは、地元の人たちにとって何物にも代えられなかった。つまり、福島の原発事業は、地元の期待を背負ったものだった。

反原発運動の構図からはずれていた福島

一般的に、原発をめぐる論争は二種類ある。

一つは情緒論。今の私たちは多少の知識があるので、日食や落雷が神様の怒りのせいだとは考えないが、地震や台風や津波などにはなお畏《おそ》れを抱いている。原発も同じで、人間の力では制御できない気がする。だから自ずと「怖い、嫌い、やめてしまえ」となる。科学とは別の話だ。

そしてもう一つはイデオロギー論争。反原発の戦いは、環境保護という軸もあるだろうが、元は反核運動から始まった政治運動だった。だから、原発容認が保守、反原発が革新という立ち位置は、今も昔も変わらず、しかも、その構図はすでにほぼ世界中で定着している。

反原発派の主張によると、原発容認派とは政治家と資本家の複合体で、巨大な権力を握り、反対する地元民をお金で取り込み、強引に危険な原発を建てては利益を貪《むさぼ》り続けてきた。この〝悪しき複合体〟を、彼らは「原子力村」と呼んだ。

そして、その運動は、都会の知識人、あるいは文化人といわれる人々の共感と支援を得て、連綿と続いた。マスコミも反原発派を支持した。だから運動の顛末《てんまつ》はつねに、弱い者の強い者への抵抗、ひいては、原子力村を成敗する正義の戦いとして報道された。

ところが、福島原発に限って見れば、この構図はどちらもぴったり当てはまったとは言い難い。「危ない、怖い」と煽《あお》られるのだから、地元の住民の心の中に、原発に対する不安がなかったと言えば嘘になるだろう。とはいえ、誘致のときでさえ、明確に反対を表明していたのは漁業関係者ぐらいで、地元住民はおおむねのところ、原発を待ちわびていたという。

一号機の建設が始まったのは一九六七年だ。営業運転開始は七一年。この二年後に第四次中東戦争が勃発《ぼっぱつ》し、最初のオイルショックが起こった。そういう意味ではタイムリーな幕開けだった。石油の値段に左右されない安定電源として、原発の重要性が国民の目にしっかりと印象付けられ、その後の日本のエネルギー政策の方向を定めたのである。

そのころ福島では、すでに二号機から六号機までの建設も、次々に着手されつつあった。一九七九年二月末には、楢葉町で第二原発の建設も始まった。そうこうするうちに、福島は東京電力の十基の原発を抱える原発立地県となった。こうして福島で作られた大量の電気は首都圏に運ばれ、首都圏の発展、ひいては、日本経済の発展に大いに寄与したのである。

原発で隅々まで潤った双葉郡

福島の地図を見ると、奥羽《おうう》山脈と阿武隈《あぶくま》高地という二本の壁が南北に走っていて、県は会津、中通り、浜通りの三つの地域に分かれている。十基の原発はすべて、海側の浜通り地方の真ん中の双葉郡に立っている。つまり、双葉郡の六町二村は、ほとんどが原発立地地域、あるいは準立地地域なのである。

原発は、地元に雇用を生む。東電や関連企業の社員はもちろん、町中のあらゆる企業や小売店、クリーニング店から食堂、清掃会社、タクシー会社まで、さまざまなところが満遍なく潤った。景気が良くなると、人口も増える。地元は急激に活性化された。住民税が増え、さらに、法人県民税、法人市民税、法人町民税、事業税など、県や自治体はいろいろな税収を見込めた。双葉郡はさながら東電の城下町だった。

一九七四年に田中角栄内閣の下で制定された電源三法も、福島に大きな利益をもたらした。

電源三法の基本的な考え方は、電力会社が国に電源開発促進税という税金を納め、国はそれを原発のある地元に交付金として還元するというものだ。

電力会社はこの税を電気料金に乗せたので、福島県民の受けた恩恵の出どころは、東電の電気を使っている首都圏の住人だった。持ちつ持たれつ、それほど間違った法律ではないと思える。

福島県のホームページを見ると、過去の各種交付金について、どれだけの額がどこで何に使われたかということが詳しく書いてある。原発事故の前、二〇〇七年度から〇九年度までの交付金の合計は、年間百四十億円で推移している。そして、その三割が双葉郡に給付された。双葉郡六町二村の人口は、震災前の二〇一〇年十月の国勢調査によれば七万二千八百十八人で、福島県全体二百二万九千人のうちのわずか三パーセントだ。三割の交付金は潤沢すぎる臨時歳入であった。これにより道路が作られ、農業用水路の整備、消防ポンプ車の整備、コミュニティバスの運行、保育園・幼稚園の人件費補てんなどを始め、さまざまな施設もできた。原発が動いている限り、財源は絶えることはなかった。

利権の渦の中、天狗と化した東電

原発の周りでは、つねに巨大なお金が動いた。おそらく建設計画の浮上した最初の日から、土地は投機の対象となったことだろう。巨大なお金が動く所には、必ず利権が発生する。利権の発生した所には、それを食い物にする人たちが出てくる。あるいは、最初はそんなつもりではなかったのに、その利権の渦に巻き込まれていく人もいる。

そして、利権の渦の中心に、必ず東電がいた。その構造が明らかになったが最後、双葉郡では、各種の利権はネズミ講のように、上から下へと裾広がりに繋がっていったと思われる。そして、その構造は、長い時間が過ぎるうち、この地域に利益だけでなく、それなりの弊害ももたらすことになった。

「東電の社員は、本当に偉そうにしていた」と語るのは、地元の下請け会社の元社員の田中洋一氏だ。すでに十年前にリタイアしている。

「東電の社員は現場に行かないというのは、昔から有名でしたね。運転も保安もメンテナンスも、全部下請けに発注しておしまい。報告を受けるだけで、自分では見にいかない」

さらに、「若いのが座ったまま、下請けの社員をアゴで使う」とか、「東電では、入社したての社員に、〝日本の電力を背負っていくのは君たちだ〟、〝他の電力会社を引っ張っていかなければならない〟と徹底したエリート教育を施していたから、そりゃあ皆、天狗《てんぐ》になりますよ」などなど、少々のやっかみは差し引くとしても、田中さんたちが、東電社員をかなり冷めた目で眺めていた様子がわかる。しかも、実際に原発の運転や保全をやっていたのは地元の会社が中心だったのだから、「俺たちがいなければ何もできないくせに」ということになった。

つまり双葉郡では、多くの人が東電を誇りに思うと同時に、不満を抱えてもいた。もちろん誰も何も大声では言わない。「まあ、儲《もう》けさせてもらっているから、仕方ないやね」である。

地元にあった東電への依存心

一方、地元には、まったく違った指摘もあった。それは、双葉郡の住民が長い年月のあいだに、いかに原発という存在に依存してしまったかという、いわば自己批判だった。

「私も地元の人間ですから、もちろん自分をも含めてのことですが」と前置きしながらも、やはり下請けの元社員の酒井博さんは、「原発付近の自治体の実情といったら、それは嫌になりました」と自嘲気味だ。

「普通の自治体では、観光課長はあっちこっち駆けずり回って、町のPRやイベントなどをやっている。ところが、原発を抱えている町の観光課長はいつ訪ねても席にいた。お金があるので自分たちで何かする必要がない。イベントは全部、外部に発注しておしまいでした」

そのためにかえって地元のニーズから外れて、失敗することも多かったという。ただ、財政が豊かなので気にせず、次の年にはまた予算をしっかり取る。そのうえ、東電がイベントのたびに、じつに気前よく後援してくれたと彼は言う。

では、3・11のあとに、それはどう変わったか？

「情けないことに、全然変わらないどころか、ますますひどくなっています。『俺たち、大変だよね。賠償もらっても当然だよね』と、また皆で依存する。町のイベントだって、東電の寄付がないので『じゃあ、もうできない』となりかねない」

地元は長いあいだ、危険なものを引き受けた見返りとして、経済的に潤《うるお》っていた。しかし、それが危険だということなどすっかり忘れてしまったころ、まさかの事故が現実のものとなった。ちょっとのあいだの避難かと思って離れた自宅に、生きているうちに帰れるかどうかわからないという人々まで出てきた。長いあいだ保たれてきたこれまでの秩序が、突然崩れた。

その結果どうなったかというと、「今まで流れ込んでいたお金が途絶えたのではなく、またもや賠償という名の巨額のお金が飛び交っている」と、酒井さん。そのお金の出所が電気料金であり、国民のお金であるところは、以前と何も変わっていない。

隠蔽体質や驕りは本当にあるのか

前述の東電の石崎氏に話を戻す。氏は、二〇一七年六月末で東電副社長と復興本社の代表を退き、福島担当特別顧問（復興本社駐在）となった。「でも、肩書きは変わっても、やってることは変わりません」と笑う。これからは水戸黄門のように、自由に県内を歩き回り、社内の意識劣化を正す存在になりたいのだそうだ。

巷でよく言われる東電体質についても訊いてみた。「あれは当たっているんでしょうか？」

「隠蔽《いんぺい》体質や驕《おご》りが過去にあった、そういうところは当たっているでしょうね」と石崎氏。

「東電の原子力部門は、二〇〇〇年ごろから不祥事が連発していました。昔は特に、まずいことは外に出さないとか、上司に上げないとか。原子力という大変なリスクを抱えているのに、日々の改善も、過去のスリーマイル島やチェルノブイリの事故の事例を勉強するといった努力も結果として足りなかった。そういう驕りが、今回の事故につながったと思っています」

事故が起こったあと、当時の社長と地元を詫びに回ったら、仲良くしていた人たちから、「お前は絶対安全と嘘を言った」「世界最大の公害企業の手先だ」と罵声《ばせい》を浴びた。そのときの人々の表情、怒り、悲しみ、助けを求める目の光が、いまだに脳裏に焼き付いて消えないという。

「この人たちを置いて逃げるわけにはいかない。残りの人生を捧げなければ、東電としても、人としても、許されないと覚悟を決めました。福島の復興を見届けなければ、死ぬに死ねない。そのために、百二十歳まで元気で生きようとの野望を持っています」と石崎氏は笑う。医学の進歩で日本人の平均寿命は百二十歳になるのだそうだ。絶対に美しい福島を取り戻す！　その気概は、ひしひしと伝わってきた。

ただ、私の心の中には今もなお、この日本の懺悔《ざんげ》方式がよいのか、それともドイツのように理詰めで線を引くほうがよいのか、迷っているところがある。

第三章

風評を作り続けるマスコミ

福島の人々を苦しめる風評

福島をめぐる風評は凄《すさ》まじい。

避難者を長いあいだ苦しめたのは、家に帰れなくなったこともさることながら、やはりその風評だった。最初のころは特に、福島から来た人たちは、しばしば伝染病患者のように扱われた。震災のあとしばらく、福島ナンバーの車は首都圏でガソリンを売ってもらえないことがあったという話にはショックを受けた。そういうことをした人の意図がわからないが、かなりの頻度で起こったらしい。

一方、いろいろな所で親切にしてもらったという避難者もたくさんいる。つまり、家を追われた人たちは、まさに、誰に出会うかという偶然に、一喜一憂しなければならない境遇に陥ってしまっていた。

愛知県には、福島で作られた打ち上げ花火を使用することにクレームをつけた人たちがいた。そして、そのクレームに屈した自治体があった。まさか放射性物質が花火とともに拡散すると信じていたわけではなかろう。単に、福島県民とは関わりたくない、関わらないほうが無難だという判断？　しかし、なぜ？　その説明がちゃんとできる人は、おそらくいないはずだ。

風評が高じたいじめも頻繁に起こっているらしい。福島の子供たちがいじめられる話には腹が立つが、東電の社員の子供たちがいじめられているという話を聞いたときは、悲しくなった。何の罪もない子供に、親は何と言ったのだろう。「お父さんの会社が事故を起こしたのだから我慢してね」と言ったのだろうか。

主婦が始めた桜の植樹プロジェクト

今、双葉郡へ行くと、閉塞的な状況から脱却するため、自分たちの力で福島の未来を切り開いていこうとしている多くの人たちにも出会うことができる。

その活動のひとつが「ハッピーロードネット」。二〇〇五年、広野町の主婦であった西本由美子さんが立ち上げた組織で、自分たちの手で、住みやすい社会を作っていこうという住民の集まりだ。二〇〇八年からはNPO法人となっており、今、いちばん有名な活動が、桜の植樹プロジェクト。いわき市から新地町までの国道六号総延長一六二キロに植える計画だ。

取材で国道を走ったとき、若い、まだ細い桜の木が並んでいた。車を停めて見に行くと、桜の木には「ふくしま街道桜プロジェクト　30年後の故郷に送る」と書かれたプレートに、木のオーナーの名前とメッセージが入っていた。ボランティアやオーナーは、今も全国より募集しているということだ。

このプロジェクトには、「この場所をふたたび花が咲き誇る場所にしたい」という地元の人の気持ちと、「大人になったとき、ここが桜でいっぱいになっているのが楽しみ」という子供たちの気持ちが詰まっている。

ハッピーロードネットの代表、西本さんに話を聞いた。バリバリとPTA活動をやっていたような女性を想像していたら、静かで、控えめな人だ。それどころか、人前に出るのが好きではなく、子供が小さかったころは、PTAの集まりには必ずご主人に出席してもらっていたという。現在の果敢な行動力は、いったいどこから生まれたのかと不思議な気がするが、自分は子供たちの活動をバックアップしているだけだと、西本さんは言う。

「震災前は、子供たちが住みやすい街を作ろうということでやっていました。都会と違って浜通りでは、大学進学が四割ほど。しかし、バブルがはじけてしまって、残りの六割の子が就職するのはとても困難でした。でも、愚痴っていても仕方がないので、何をしたらいいか考えていらっしゃいと言って、そんなことから始まったのが双葉郡と相馬郡の子供たちのフォーラムです。それがきっかけで、震災前にサミットも始まりました」

常磐《じょうばん》道下り線の楢葉パーキングにはプロのサッカー選手の足形がある。子供たちがサミットで話し合い、日本で初めて、高校生の企画で国から予算を獲得したプロジェクトだった。後述するが、広野町には日本のサッカーの殿堂とも言えるJヴィレッジがある。

桜の木を植え始めたのも震災前。そのほか、「みんなでやっぺ!! きれいな6国《ろっこく》」と題した国道のゴミ拾いも、震災で中断するまで、二〇〇七年から毎年おこなわれていたという。

「震災後は、福島の三十年後をどうするかということは、私たち大人ではなくて、子供たち自身に考えてもらおうと思いました。震災の二年後に、三十人くらいのスタッフでウクライナと広島を視察し、街作りのいい所を見てきました。去年（二〇一六年）からは、浜通りの高校生たちを加えて、ベラルーシに行きました。今年も行きます。ベラルーシが三十年間線量と戦って、どういう街作りをしたのかを、子供たちに伝えなければいけないと思ったから。まずは、やれることから、やっていきます」

一千通の抗議文と脅しの電話

ただ、日本の多くの人たちに、前を向いて頑張っている福島の姿を伝えたいという西本さんたちの気持ちも、しばしば風評で踏みにじられた。その風評を作っているのは、じつはマスコミでもある。

「そもそもゴミ拾いも、桜を植えた高校生たちが、自分たちから提案してきたことなのです。コンビニのお弁当ガラとか、ペットボトルに入ったおしっことか、国道のゴミがあまりにもひどかった。ほんとうに大人のモラルがなってない。小学生と中学生のときにゴミ拾いをした高校生が、自分たちの住んでいる所にこんなゴミを落とされるのはとても嫌だと。きれいにしたいから震災前のようにゴミ拾いをさせてくれますか、手伝ってくれますかと言ってきたのです」

「そこで、子供たちがやるのは新地から南相馬までの通学路と、南はいわき市から広野町の通学路だけにして、富岡や浪江など、ほかの所は除染専門の作業員の人たちにお願いしました。大熊町と双葉町はやりません。ここはまだ住民が戻れない地域ですから。事前には東京電力さんにお願いして、線量のデータを作ってもらい、さらに子供たちにも線量計を持ってもらうことにしました。最善の、できるかぎりのことをやっているのです」

「それを一カ月前にマスコミに発表しました。国道六号で子供たちとゴミ拾いをしますと。社会面のトップに出ました。すると一千通くらい抗議が来ました。朝五時から電話が来て、殺人者と言われました。おまえの亭主を殺してやるとか、息子を殺してやるとか。全国から来ました」

驚いた私は西本さんに尋ねた。

「抗議をする人は、西本さんが本当に子供たちを危険にさらすと思っているのでしょうか?」

西本さんの答えは「そうだと思います」。それでも、ゴミ拾いは決行された。

当日にはマスコミがやってきた。ゴミは二時間ほどで、一キロメートルの国道沿いから一トンも出た。

悲劇を演出するマスコミ

「記者たちが来て、私に取材しました。あとで見たら、写真は子供たちがゴミを拾っている写真だけれど、私のコメントは使わず、勝手に違うことを書いていました。すでに書くことは決まっていたのだと思います。二年目には記者の人たちに尋ねました。『私の話すことがちゃんと記事になるのですか』と。『なります』と言うから一生懸命しゃべりましたが、記事では違う表現になっていました。抗議したら、彼らは何と言ったと思いますか？『西本さんが言わんとする気持ちはよくわかるけど、僕たちもこれで食べていかなければならないのです』と。子供たちがひどい目に遭っている、苦しんでいると、お涙ちょうだいでないといけないのでしょう」

案の定、ゴミ拾いのあと、ネット上では「若者を殺す行為」、「美談にすり替えた子供への虐待」、「狂気の沙汰《さた》」などという中傷が飛び交ったという。

「活動に参加した子供たちが可哀想でした。反対意見があるのはわかりますが、私たちは実際にこの地で生活しているんです。故郷を思う子供たちの希望を壊すようなことはしてほしくない。抗議の電話をかけてくる人の中には、『お前らがニコニコ笑うのは許せない』と言った人もいました」

マスコミが悲劇を仕立てたがっているという話は、震災直後からしばしば耳にした。水は十分あったのに、水の配給所の行列を撮りたいので並んでくれと頼まれたとか、帰還困難区域である「富岡町の夜《よ》ノ森《もり》公園」の満開の桜の画像で、「帰れぬ故郷」という悲しい番組を作ったとか。

風評に関しては、前出の開沼博氏が「間違いだらけの『俗流フクシマ論』リスト」というの

を作っている。（開沼博著『はじめての福島学』の巻末所収）

○福島では今もみんな避難したがっている。放射能に恐れおののき避難者は増え続けている

○3・11直後、福島では中絶が増えた

○福島で子どもを持つことに不安を抱く女性たちばかりになって〝産み控え〟が続き、出生率も戻らないまま。里帰り出産もだれもしない。母親たちは子どもにマスクをつけさせている

○原発事故のせいで、人々が分断され離婚が急増した。結婚の破談も続いていて結婚率は元に戻らない

○ホールボディカウンターで検査すると、子どもたちからも内部被曝が増えているという結果が出ている

書ききれないのでやめるが、これらがすべて嘘であることは、同書をひもとけばわかる。ただ、嘘でも、一度聞くと何となく頭の片隅にこびり付いてしまうので始末に悪い。風評の風評たるゆえんだろう。

放射線を浴びに来る人々

福島県田村郡三春《みはる》町に、「やわらぎの湯」という温泉施設がある。ラジウムを含有する放射能泉だ。

ラジウムは一八九八年にキュリー夫妻が発見した元素の一つで、強い放射能を持ち、医療や理化学の研究にも用いられる。半減期は一千六百年。

日本中のあちこちの岩石には、ラジウムが多かれ少なかれ含まれている。そして、そこからはつねにじわじわと放射性のラドンガスが出てくる。それが溶け込んだのがラドン泉。ラドンの名泉として有名なのは、山梨の増富温泉、新潟の栃尾温泉、鳥取の三朝温泉など。もちろん、ここ三春の湯にも全国からその効用を聞きつけた多くの湯治《とうじ》客が集う。ホームページを見ると、病気が快方に向かったという喜びの報告がたくさん載っている。

「やわらぎの湯」の飲泉場では、湯治客が「三〇二・五マイクロキュリーで、世界でもトップクラス」の水を飲んでいる（同温泉のホームページより。ただし、単位はマイクロキュリーではなく、十のマイナス十乗キュリーの誤りであると、NUMO〈原子力発電環境整備機構〉元理事の河田東海夫氏の指摘）。このラドンの数値を、単位の誤りを正してベクレルに換算すると一一二〇ベクレルとなる。

福島では、何年もかけて、すごい手間とお金をかけて放射能の除染をしていたのに、同じ福島の、それも目と鼻の先の三春温泉は高い放射線量を堂々と誇り、しかも放射能入りの水を皆が飲んでいるのである。

ちょっと復習をしておくと、放射性物質が放射線を出すとき、毎秒いくつ出すかの能力を表す単位がベクレル。そして、被曝《ひばく》した人が受けたダメージの程度を表す単位がシーベルトだ。つまり、ベクレルの高い放射性物質があっても、そこから遠くに離れていればあまり被曝しないので、シーベルト値は低くなる。

ちなみに、ラドン泉はヨーロッパでも重宝されており、チェコのヤヒーモフには、ずばりラジウム・パレスという名の絢爛《けんらん》豪華なホテルがあるし、オーストリアのアルプス山中の保養地バート・ガシュタインの温泉は、ラドン濃度一リットル当たり堂々一九〇〇ベクレルを誇る。やわらぎの湯より高い。十九世紀にはこれを飲む治療もあったようだが、現在は、泳いだり、洞穴のような所でサウナのように寝そべったりしながら、ラドンを気体として肺いっぱいに取り入れる。もちろん内部被曝はするが、そもそも、それが目的の療養なのである。

国際基準と桁が違う日本のセシウム基準値

放射線は今、日本ではあまりにもひどい悪者になっている。たとえばセシウムの基準値は、飲料水は一リットル当たり一〇ベクレル。じつは、福島の事故前の基準値は二〇〇ベクレルだった。それを一気に二十分の一にした。なお、国際基準では一〇〇〇ベクレル。つまり、今の日本の飲料水基準は、ヨーロッパなどの百倍厳しい。

これほど厳しく規制したセシウムだったが、ラドン水なら一リットル当たり一〇〇〇ベクレルを超えても飲んでしまう。ラドンなら、外部被曝も内部被曝もOKなのである。

「やわらぎの湯」に入ったあと、温泉の人に話を聞いた。それによれば、温泉場の放射線は昔から自然界にあったもので、体に良い影響を与えこそすれ、害はないという。

確かに、自然界にはたくさんの放射能が存在する。たとえばトリチウムやカリウム40は、どんな食品にもたいてい含まれているので、私たちの体内にはいつも七〇〇〇ベクレルぐらい放射能が入っている。だから、カリウム40もラドンも、規制対象には入っていない（現在、EUでは肺がんを誘発する危険があるということで、屋内のラドン濃度の規制が始まっている。二〇一四年に告知、一八年二月までにそれをEU各国が国内法に適用するよう推奨）。

一方、福島原発事故で放出されたのが、ヨウ素131、セシウム134、セシウム137。ただ、ヨウ素は半減期が短いのでもう消えてしまったし、セシウム134も半減期二年なので、もう、ほとんど残っていない。セシウム137だけが三十年なのでまだある。これらはもちろん規制対象である。

では、本当に、これら人工の放射線と、自然界に存在する放射線は体に与えるダメージが違うのだろうか。

前述の河田氏に話を聞いたところ、自然の放射性物質は安全、人工の放射性物質は危険という主張はナンセンスだという。放射線を鉄砲の弾《たま》にたとえるなら、ダメージの程度はその数や口径によって変わってくる。しかし、数と口径が同じならば、ロシア人が撃った弾でもアメリカ人が撃った弾でも、ダメージは変わらない。それと同じで、放射線の人体影響は、あくまでも飛んでくる放射線の性質と量によって決まる。自然物か人工物かはまったく関係ない。なお、カリウム40も、セシウムも、よほど大量に取り込まない限り、健康被害はないそうだ。

フレコンバッグの草が語るもの

一九八六年、旧ソ連（現ウクライナ）のチェルノブイリ原発の事故では、原子炉が爆発し、周辺地区が広範囲にわたって汚染された。しかし、当時のソ連政府は事故を公表しなかったため、周辺の住民は避難もせず、高度に汚染された食品を摂り続けた。ソ連が嫌々ながら事故を公表したのは、スウェーデンをはじめ、周辺国が測定値の異常に気づき、ソ連を追及したからだ。

そのあと、十万人が避難したが、そのうち六千人が甲状腺がんになった。アメリカの医療チームのリーダーとしてチェルノブイリの被曝治療に携わった医師、ロバート・ゲール氏のインタビュー記事（日経ビジネス・オンライン二〇一一年）によると、同地で、原発事故と病気の因果関係を説明できるのは、この甲状腺がんだけだったという。

甲状腺がんのいちばんの原因は牛乳の摂取だった。放牧されていた乳牛が、放射能のついた草を食べ、その牛乳が汚染されたからだ。そのため、患者のほとんどが十六歳以下だった。そのうち、亡くなった子供が十五人。しかし、それ以外の健康被害と事故との関連は、三十年が経過した今も、認められていないという。

一方、福島では、事故後、直ちに避難がおこなわれ、食品検査が始まった。汚染された食べ物は出回らなかった。福島の事故から六年が経過した今、健康被害も認められていない。甲状腺がんにしても、流産にしても、先天性奇形にしても、福島と他の土地との差異は出ていない。

チェルノブイリでは、四〇〇ヘクタールで草が枯れた。福島では枯れなかった。今、汚染土壌を詰めたはずのフレコンバッグからは、草が生えている。フレコンバッグに穴が空くのはまずいが、しかし、そこに詰まっている土の汚染度は、生えてきた雑草が如実に示してくれているのではないか。

福島の山菜ツアー

二〇一五年四月、「福島に山菜を食べに行こう！」というバスツアーの企画があったので参加した。参加者は、原子力の専門家あり、環境省のお役人あり、ゼネコンや、某有名広告代理店や、電力会社の社員、新聞記者もいれば、変わったところではキノコの専門家までいた。ちなみに、福島はキノコの宝庫だ。

東京駅から一路向かったのは伊達《だて》市の霊山町《りょうぜん》。一時、ここは放射線量が高かった。目的地に近づくにつれて、周りは水が張られたいろいろな形の田んぼばかりになり、深い緑の山が迫る。昔話に出てくるような日本の田舎の風景だ。

会場に着いたら、まずは、福島産の食品の放射線汚染に関しての説明があり、そのあと、山菜のご馳走会が始まった。福島の農作物は、欧米より十倍厳しいセシウム規制一〇〇ベクレル／kgもたいていクリアしており、もう問題はないという。出されている山菜の放射能値は、もちろんすべて測定済みだ。

供されたのは、天ぷらだけでも、クワの新芽（伊達市内）、タラの芽（里山に自生）、野フキ、シドケ（安達太良山《あだたらやま》に自生）、グリーンアスパラ、ワラビ、大ぶりのシイタケなど。シャクというホウレンソウのような山菜のおひたし、山ウドの酢味噌掛け、ワラビの煮物、タケノコの煮付け、キュウリの和え物。山菜の炊き込んである何種類ものおむすびや、土手のヨモギのヨモギ餅。お酒は地酒の「霊山」。さらに、トマト、イチゴ。福島の物産はなんと豊かであることか。

一つだけ、コシアブラという山野に自生している山菜のセシウム値が二三〇ベクレル／kgで、基準値を超えていた。したがって、これだけはいただきたい人が自己責任でいただく（あっという間になくなった）。ちなみに、カリウム40は、干し昆布に二〇〇〇ベクレル／kg、干しシイタケに七〇〇ベクレル／kg含まれている。しかし前述のように、カリウム40は規制外なので測定されない。

夕方、満腹で帰路に着き、すぐにそれを原稿にして、ネットマガジン『現代ビジネス』の拙コラムで発表した。風評をなくすため、少しでも力になれればと思ったからだ。しかし、まもなく、お料理を提供してくれた霊山町の施設に、抗議の電話が入ったという連絡を受けた。そんな危険なものを提供するとは何事だ、ということらしい。福島ほど、ちゃんと食品の検査がおこなわれている場所は、日本でほかにはない。世界でもないかもしれないのに、どこをどう、まかり間違えたか……。

貯蔵タンクの水は世界ではふつうに海に捨てている

もう一つ、重大な風評の被害といえば、福島第一の現場の汚染水だ。福島第一原発は廃炉に向かって進んでいるが、敷地にはたいへんな数の汚染水の貯蔵タンクが並んでいる。現在、核燃料棒の冷却のために注入されている水が、毎日三百トン。これは放射性物質を取り除きながら、循環させて使っているのでさほど問題がないが、建屋の下には、ほかに山側からたえず勝手に地下水が流れ込む。汚染は微量だが、とはいえ、そのままにしておくわけにはいかず、集めて、やはり浄化装置で処理している。

この浄化装置は、日本で開発された世界で屈指の優れもので、有害物質はすべて取り除いてくれるが、ひとつトリチウムだけは水素の一種なので除去できない。だから、浄化したあとも水を海に流せず、巨大なタンクに溜め込んできた。二〇一七年十月現在、一千トンの大型タンクが、千基近く敷地内に林立している。もちろん、タンクは刻々と増えるばかりだ。

これを見たとき、私はほとんど絶望のような感じを持った。こんなことを十年も二十年も続けられるはずがない。いったい、福島第一原発はどうなるのか。いや、日本はどうなるのか?

ただ、納得できないのは次の話だ。トリチウムは摂取しても健康に被害は出ない。しかも、元々除去できないものなので、世界中の原発で、希釈したあと、そのまま海や川に流している。

二〇一三年八月のこと、福島の原発の近くの海から、一リットル当たり四七〇〇ベクレルのトリチウムが検出されたと大騒ぎになったことがある。私たちは、四七〇〇ベクレルと言われても、それが多いのだか少ないのだか、あるいは、危険なのか危険でないのかがわからない。

そこで、調べてみると、次のことがわかる。トリチウムの放出するベータ線のエネルギーは極めて低く(セシウムの一〇〇〇分の一)、細胞を突き抜けることもできないので、外部被曝はない。問題は内部被曝で、つまり、トリチウムを含んだ水を飲んだり、魚を食べたりするときの話だが、仮に、一リットル当たり四七〇〇ベクレルのトリチウムで汚染されている海水の中で泳いでいた魚を、一年間に六〇キログラム食べたとしても、〇・〇〇五ミリシーベルトの被曝でしかない(トリチウムは化学的には水と同じなので、魚の体の中で海水以上の濃度に濃縮されることはない)。

ちなみに、胸のレントゲンを撮れば、一度に浴びるエックス線の被曝は〇・〇五ミリシーベルトだ。繰り返すが、四七〇〇ベクレルの「トリチウム魚」を一年に六〇キロ食べても、被曝量は胸部レントゲンを撮ったときの十分の一だということだ。放射線医学総合研究所放射線防護研究センター長の酒井一夫氏曰《いわ》く、「健康に影響が出るとは考えられない」（二〇一六年二月六日付 The PAGE より）。おそらく、他の放射線の専門家も同じ意見だろう。

風評を恐れてトリチウムを流さない日本

私は、ドイツでのことを思い出した。福島の事故のあと長らく、ドイツの魚専門のファーストレストランの店先に、「当店では日本近海の魚は使っておりません」という張り紙が出ていた。しかし、日本の場合、コメや野菜のセシウムの法定基準値は一〇〇ベクレル／kgだが、EUは一二五〇ベクレル／kg、アメリカは一二〇〇ベクレル／kgだ。しかも、地中海の魚も北海の魚も、それが泳いでいた海には、少なくともトリチウムは含まれている。

以前、ドイツで読んだ資料の中には、ドーバー海峡の海水から高い放射性物質が検出されているというレポートもあった。この場合の〝高い〟というのも、また、〝福島近海の四七〇〇ベクレル〟同様、どの程度のものなのかはわからないが、一つだけ確かなことは、大西洋や北海沿岸にあるイギリスやフランスの原発も、トリチウムを含んだ水は、海に捨てているという事実だ。川沿いにある内陸の原発は、海ではなく、もちろん川に流している。

ただ、福島第一のタンク群を見たとき、私はもちろんそんなことは知らず、ほとんど呆然と、バスの車窓からこの光景を眺めていた。水の増え方を抑えるため、上流側で地下水をくみ上げて、建屋の下に流れ込まないようバイパスしたり、あるいは、敷地内の地表を舗装で固めて雨水の浸透を減らしたりと、必死の対策が講じられているらしいが、敷地に流れ込む水がゼロになるわけではない。だからタンクは確実に増えていく。

最新の案は、建屋の周りの地中に氷の壁をぐるりと作り、地下水の侵入を防ぐこと。膨大な経費のかかるこの大実験は難航していたが、二〇一七年十月の情報によれば、凍結が進行中で、ようやく成功の兆《きざ》しが見えてきたという。

とはいえ、おかしいのは、なぜ日本だけが、いや、福島の第一原発だけが、全世界の原発が流しているトリチウムを流せないのかということだ。

その理由は風評。福島の漁業者が、風評被害を恐れて、反対しているからである。

福島では風評被害をなくすため、お米も果物も厳重に検査をし、安全なものだけを出荷しているというのに、それでも福島産の農産物は売れない。私は、「福島産の果物を売っているのは罪だ」と言った人も知っている。福島県民の中にも、福島産の食品を食べないという人はいる。

風評の後押しをする政府

東電の復興本社の石崎前社長は、「食品の規制は、元の五〇〇ベクレルでも世界基準の二倍は厳しかったのに、事故のあと、一気に一〇〇ベクレルに引き下げられ、さらに自主規制で、その半分を下回らないと食品の流通規制を解除しないとか、世界の基準に比べてとんでもないことになっています」という。

二〇一六年四月二十三日付の東洋経済オンラインに次のような記事が載った。

原子力規制委員会の田中俊一委員長は三月二十三日の日本外国特派員協会での講演で、「トリチウム除去は技術的にもほぼ不可能に近いことなので、どの国もみな排水している。漁業者が反対しているのは安全の問題ではなくて、どちらかというと風評被害の問題。もっと政治のほうで努力していただきたい」と政府に対し政治決断を促している。

四月十日に福島県いわき市内で開催された「第一回福島第一廃炉国際フォーラム」でメインスピーカーを務めたウィリアム・マグウッド四世・経済協力開発機構・原子力機関事務局長も、「このままタンクを造り続けるわけにはいかない」としたうえで、「ほかの国であれば（トリチウムは）すでに海に流しているだろう」と言及している。

二〇一七年七月、ついに東電の川村会長が、処理済みの汚染水を海に放出すると発表した。

それに対して福島の県漁連が抗議文を発表したことは意外ではないが、驚いたことに、吉野復興相が「風評被害が必ず発生する」として反対の意向を示した。「これ以上、漁業者を追い詰めないでほしい」そうだ。しかし、放出しないというのなら、その処理についての策を打ち出すべきだろう。

福島の魚を食べるか、食べないかは、国民一人一人が自分で決めればよい。日本は自由な国だ。しかし、政府には、風評を減らすための積極的な広報をする責任がある。そして、ちゃんと説明したうえでトリチウム水は希釈して流し、それで魚の売り上げが一時的に減るなら、漁業者に適切な補助を与えて、風評の収まるのを待つべきではないか。

政府が断固としてそういう態度を貫くことのほうが、溜め込む必要のない水を溜め込んで風評の後押しをするより、よほど有意義だ。そして、これは政府にしかできない。自分の首をかけても、日本のためにこれをやろうという政治家はいないのだろうか。

基準値を上回る宇宙飛行士の被爆量

放射能はどんどん自然減衰をしているので、現在、帰還困難区域でも、線量値は年間二〇ミリシーベルトを下回っているという。繰り返すようだが、放射性物質が毎秒どれだけの放射線を出しているかを示す単位がベクレル。そして、被曝した人がどれだけのダメージを受けたかを表す単位がシーベルトだ。普通に生活していても、自然界にある放射線で、皆、必ず若干の被曝はしている。

ＩＣＲＰ（国際放射線防御委員会）や日本国の公式見解としては、年間被曝一〇〇ミリシーベルト以下では、放射線の影響による発がん確率の上昇は確認できないとされている。ましてや、年間一〇ミリシーベルト以下なら心配するほうが損なのだ。

宇宙飛行士の山崎直子さんは、宇宙に滞在していたたったの十五日のあいだに八〜一五ミリシーベルト程度の放射線を浴びたというが、そのあと妊娠して二人目の赤ちゃんを無事出産した。同じく若田光一さんは宇宙滞在期間三百四十七日で、一七〇〜三五〇ミリシーベルトの放射線を浴びた。

いや、宇宙まで行かなくても、東京・フランクフルトを一往復すれば、〇・二ミリシーベルトやそこらは浴びることになる。でも、パイロットやキャビンアテンダントが病気がちだという話は聞かない。

広島で原爆投下後、胎児に重い精神発達障害が起こる頻度は、被曝線量が六〇〇ミリシーベルトを越えるあたりから増え始めたという。原爆の放出した放射性物質の量は膨大なものだったので、それほど膨大な放射能を浴びた人がいたのだ。ただ、犠牲者のほとんどは、放射能ではなく、熱線でやられている。

ところが、日本は今、除染で年間一ミリシーベルト以下を目指すので、原発事故で避難した人々はいつまでも帰れない。たとえ、帰宅してもよいと言われても、まさにこの基準のせいで不安になり、躊躇《ちゅうちょ》してしまう。安心のためだった厳しい基準値が、避難者をかえって不幸にしているのではないか。

GEPR（グローバル・エネルギー・ポリシー・リサーチ）によれば、イギリスのNPOであるICRP（国際放射線防御委員会）は、二〇〇八年の「勧告111」で、原子力災害が起こったときの放射線の被曝の基準は、「収束過程では年一～二〇ミリシーベルトを目標にし、長期的には一ミリシーベルトを目指すべき」と提案した。国際放射線防護委員会とは、放射線防護に関する勧告をおこなう学術組織だ。

その三年後、福島で事故が起こった。そこで二〇一一年の夏、政府は有識者や研究者の意見を聞きながら、除染では、国が直轄しておこなう原発周辺地域での当面の基準として、年五ミリシーベルトを目指すとした。当面の目標として、それほど間違っていたとは思えない。

除染すべき所が手つかずに

ところが、疑心暗鬼になっていた住民は、除染の基準をもっと厳しくしてほしいと言った。そこまでは理解できる。しかし、わからないのはその先だ。自治体から要望を受けた当時の細野環境相が、基準を年一ミリシーベルトに変更した。

ICRPの科学者たちや、国際原子力機関も、一ミリシーベルトは無意味であると日本政府に勧告した。しかし、時すでに遅し。GEPRによれば、その結果、除染はほぼ無限におこなわれ、国と地域に途轍もない負担をもたらした。しかも、それはたいして役にも立たなかった。避難前に、二〇ミリシーベルト以上の被曝をした住民はほとんどいなかったし、本当に線量の高い危険区域は閉鎖されているので立ち入ることもない。除染をした場所は、どこもかしこも非の打ち所のないほどきれいになったが、その様子を、地元のある有力者は、「きれいな床を磨いたようなもの」と表現した。

しかも、除染はまだ終わっていない。それどころか、いちばん線量の高い所は、ほとんど手つかずで残っている。「こちらを先にしてほしかった」と、いまだに家に帰れない人たちは言う。その声は悲痛だ。

これから本当に除染の必要な所に着手し、しかも一ミリシーベルトでやっていけば、さらに費用は膨《ふく》れ上がる。もし、年五ミリシーベルトを目指していれば、今、福島には帰宅できない人はもうほとんどおらず、そのうえ、何の健康被害も起きていなかったのではないか。

これを決めた細野豪志氏はのちに、「一ミリシーベルトの除染目標は、健康上の基準ではない」と言い訳をした。住民の安心のためだった？　しかし、住民の安心料にしては、費用対効果があまりにも狂っている。儲かるのは、除染に関わった大量の関連企業だけではないか。

そして今、福島には、大して汚染されていない汚染土砂の詰まったフレコンバッグが、あちこちの田畑に山積みになっている。うがった話をすれば、これも場所代として、一反につき十五万円が支払われているそうだ。福島の農業での収入の平均は、一反につき五万円だというから、農業をするよりも上がりは良い。福島では、いろいろな所で、思いもよらないお金が動いている。

まともな発言をして叩かれる政治家

二〇一六年二月、丸山環境相（当時）が長野県松本市の講演で除染について触れ、一ミリシーベルトの基準には科学的根拠がなく、この基準のために住民の帰還が遅れていると指摘した。少なくとも、最初の「科学的根拠がない」というところは事実だ。前述のように、それはこの基準を作った細野氏本人も認めている。ところが、その丸山大臣の発言が批判され、挙げ句の果て、撤回と謝罪で幕切れとなった。

じつはそれより三年も前の二〇一三年六月にも、やはり同じようなことが起こっている。当時の高市政調会長が神戸市でおこなった講演で、原発の再稼動や安全の確保に触れた際、「悲惨な爆発事故を起こした福島原発も含めて、死亡者が出ている状況ではない。最大限の安全性を確保しながら原発を活用するしかないというのが現状だ」と語った。そして、この発言が、「命より経済優先の愚《おろ》かしさ」とか、「原発再稼動のために死者をなかったことにする」とか、「地域蔑視」として、マスコミに激しく叩かれた。

原発の存在については、もちろん賛否両論がある。原発稼動は命より経済を優先の愚かな証拠というが、しかし、国家経済が崩壊すれば国民の命は守れない。つまり、国民の幸福を考えたとき、原発再稼動という選択肢を訴える政治家が出てくることは当然のことである。

ところが現実には、激しいバッシングのため、高市早苗氏は発言を謝罪し、以後、原発に言及するのを控えるようになってしまった。エネルギーは、国の根幹を左右する重要な問題であるにもかかわらず、それについての自由な議論が封じ込められてしまったわけだ。しかも、その言論封殺の先頭に立っているのがマスコミであるという事実は、由々しきことではないか。

次に示すのは、かつてマスコミの大ミスで起こった放射線の風評の元祖ともいうべき悲しい物語である。

風評被害の元祖

二〇一六年の春、むつ市を訪れたとき、かつての役所の職員が、原子力船「むつ」の話をしてくれた。「むつ」の進水は一九六九年のことなので、すでに昔話だ。

原子力船とは、いうまでもなく、原子力を動力として進む。船に原子炉を積み、そこで発生させた熱で蒸気タービンを回して、船を走らせる。給油せずに長期間の航行が可能だし、燃料を燃やすための空気も要らないから、本来、潜水艦にも向いている。

「むつ」は当時、ソ連、アメリカ、西ドイツに次ぐ世界で四番目の原子力の民間船として建造された。研究・開発のための観測船。潜水艦ではない。

母港は、むつ市の大湊《おおみなと》港。良港の諸条件をことごとく満たすこの港は、かつては帝国海軍の要港で、現在は海上自衛隊の基地だ。今も大小さまざまな軍艦が停泊しており、すぐそばの釜《かま》臥山《ふせやま》の頂上にあるレーダーは、北朝鮮、および北方領土方面をしっかりと見張っている。いわば日本の北の守りだ。

一九六三年、「むつ」の建造が決まった。東京オリンピックの前年で、日本は経済成長の真っ只中にあった。右肩上がりの世の中、来たるべき原子力時代への期待も大きかった。

一方、このころのむつ市は産業不振で悩んでいた。終戦直前、軍港のおかげで、大湊町だけで十万人を超えていたという人口が、まるで風船が割れたように萎《しぼ》んでいた。つまり、むつ市がそのころ、日本初の原子力船の母港として名乗りを上げたのは偶然ではない。むつ市は発展を望んでいた。それどころか、産業活性化のためなら、第二船、第三船の建造さえも望んでいたという。いずれにしても、「むつ」の始まりは、それなりに華やかなものであったわけだ。

原子力船「むつ」の不幸な船出

ところが、六九年に「むつ」がようやく完成したころ、すでに雲行きが変わっていた。反核、反原発の機運が盛り上がっていたこともあるが、それより何より、陸奥湾でホタテ貝の養殖が進んでいた。ホタテ事業を推進したのは科学技術庁。皮肉にも、「むつ」の開発を手掛けたのと同じ庁であった。

一九六九年、「むつ」が進水したとき、陸奥湾はすでに養殖のカゴで埋まっていた。漁民は、ホタテ貝が放射能汚染の風評で売れなくなることを恐れ、「むつ」を厄介者扱いにした。かつて喜んで誘致してくれた母港は、すでに「むつ」の誕生を望む母ではなくなっていたのだ。「むつ」は冷たい母港に繋がれたまま、時間だけが過ぎていった。

そんな「むつ」がようやく核燃料を積み込んだのは一九七二年だ。しかしその後も、原子炉に点火（正確には臨界）することは許されなかった。原子炉を動かせない原子力船など、海に浮かぶ鉄の塊《かたまり》に過ぎない。

結局、すったもんだの末、二年後の七四年、臨界実験を遠く離れた太平洋上で実施することが決まった。しかし漁民は、実験のあと「むつ」に戻ってこられては迷惑だと考え、その出帆《しゅっぱん》を妨害した。

漁船に包囲され、出航を阻《はば》まれた「むつ」は、八月二十六日未明、灯りをすべて消し、密かに漁船のあいだを抜けて外洋に向かった。動力となるべき原子力が使えないので、補助のエンジンを使って船を進めたという。すべてが、どう考えても、今ならあり得ないことだ。

さて、こうして強行出帆をした「むつ」は、静かに試験海域に向かっていた。しかし、おそらくこの不幸な門出が、その後の「むつ」の運命を象徴していたのだろう。六日後の九月一日午前、「むつ」は尻屋崎沖で臨界に成功したものの、同日夕方、徐々に出力を上げていったところで放射線漏《も》れが起こった。それが、以後何年も続く紆余曲折の序章となる。

放射線を放射能と間違えて報道

放射線というのは放射能ではない。放射線とは、高いエネルギーを持ち、高速で飛ぶ粒子、もしくは、高いエネルギーを持つ短い波長の電磁波だと、電気事業連合会のページでは説明されている。つまり、電子とか、中性子などの粒子、あるいは、ガンマ線とか、ベータ線などの電磁波。レントゲンのエックス線も放射線だ。だから、放射線漏れというのは、レントゲン室の密閉が不備で、そこからエックス線の粒子が飛び出した状態と想像すればよい。

このとき「むつ」の原子炉から漏れたのは、中性子線だったと思われる。原子力というのは、新しく誕生した中性子が原子核に当たって核分裂が起きる際のエネルギーだが、原子を地球に模すなら、お隣の原子は、太陽までほどの距離があるという。つまり、うまく原子核に命中しなかった中性子は、そのあいだをすり抜けてどこかに飛んでいく。「むつ」では、命中しなかった中性子が、どこかの隙間《すきま》から原子炉の外に漏れてしまったものと思われる。

今の技術から言えば、事故もなく普通に運転していた原子炉から放射線が漏れるなどということはあり得ない。このとき漏れた放射線量は、その場に五百時間居続けると、胸部レントゲンの一枚分に当たる量だったそうだ。漏れていた時間は二十四分。誰がどう考えても、実害は何もない。

ちなみに、「むつ」以前に就航した民間原子力船、ソ連の「レーニン」、アメリカの「サヴァンナ」、西ドイツの「オットー・ハーン」も放射線漏れを起こした。当時の遮蔽《しゃへい》技術がその程度のものだったのかもしれない。しかし、いずれも母港ですぐに修理ができた。

ところが、「むつ」はそうはいかなかった。放射線漏れがわかったあと、すぐに出力を落とし、応急手当てを施したところまではよかった。しかし、そのときすでに、乗船していた三社の報道記者たちが、「むつ、洋上で放射能漏れ」の誤報を発信していた。

稲妻のように駆け巡った「誤報」

「むつ」に乗り込んでいた記者は、放射能と放射線の違いを知らなかったのか？ それとも、故意にセンセーションを狙ったのか？ いずれにしても、翌日の朝刊に載ったその誤報は、稲妻のように日本中を駆け巡った。

当然のことながら、地元のむつ市ではひどい騒ぎになった。夕刊で「放射能漏れ」は「放射線漏れ」に訂正されたが、時すでに遅し。しかも、「放射能」と「放射線」の違いがちゃんと理解されていたかどうかも怪しい。

地元では当然、「反対を押し切って勝手に出て行ったのだ。帰港は絶対に許さない」となった。しかし、そう言われても、洋上では本格的な修理はできない。このときの事情は、元日経新聞記者の堤佳辰氏の著『原子力報道五十年』(エネルギーフォーラム新書)に詳しいので、引用させていただく。


「むつ阻止へ結束拍車」(朝日)、「陸奥湾に入れぬ、漁民代表、緊急会議で決定」(毎日)、「安全性確認まで帰港認めず、県も硬化」(読売)、「不信ぶちまける漁民」(日経)。科学や技術の次元ではない。政治と社会の舞台でのドラマである。

入港絶対阻止を叫ぶ陸奥湾沿岸漁民は動員漁船1000隻、出航時をはるかに上回る抵抗のピケと妨害を計画、土嚢6万袋を海中投棄する母港封鎖作戦に着手、尻屋崎沖の仮泊さえ拒否、洋上給油タンカー出港さえ室蘭港が一時待ったを掛けた。


こうして、「むつ」の放浪が始まった。乗員の肉体的、精神的負担は限界となり、十月七日には海員組合派遣の救援船で四十三人が下船した。

もう少し、堤氏の著書からの引用を続けたい。

時の氏神は地元出身の鈴木善幸自民党総務会長。田中角栄首相の特命で派遣され、地元要求を全部呑み、手厚い経済補償と引き換えに妥結、10月15日午後3時40分、50日ぶりに無事帰港、〈中略〉妥結条件は①むつ定係港の撤去、②新定係港回航まで原子炉凍結、③使用済み燃料取り扱い施設の廃棄、④総額13億7000万円の交付で、「あれだけやったんだからこれぐらいもらってもいいんでねえか」と関係漁民は堂々答えた。

ということで、「むつ」は一応、元の場所に戻ってはきたものの、母港撤去を約束してしまったので、修理ができない。「むつ」の原子炉を製作した三菱原子力工業の本拠、神戸では、住民がやはり入港を拒否した。すったもんだの末、佐世保市が「三百億円の無利子融資か預託」を条件に修理港を引き受けることになった。こうして「むつ」はようやく佐世保で無事に改修を終えたが、依然として、その後の行き場所はなかった。

最終的に、「むつ」は再び青森に戻ることになる。むつ市は、かつての漁港、関根港を改築し、「むつ」の新しい定係港とすることを決めた。港が完成し、「むつ」がようやく新しい母港に落ち着いたのは、放射線漏れ事件からすでに十三年以上も経った一九八八年一月のことだった。

もしも正しい報道がなされていたら……

しかし、騒動はこれで終わったわけではなかった。本格的な船出の前に、ドック入りして点検をしようと思ったら、引き受けてくれるドックがなかった。そこで、「石播（石川島播磨《はりま》・著者注）横浜工場から10万トン浮きドックをはるばる回航」（前掲書より）、「むつ」は、津軽海峡で洋上ドック入りした。

「むつ」は九一年に、四回の実験航海を終えた。しかし、原子力船としてのそれ以上の延命は断念され、九五年には原子炉を外し、「みらい」と名前を変えて生まれ変わった。切り取られたむつの原子炉室の実物は、むつ市関根の「むつ科学技術館」に展示してある。一方、「みらい」は海洋地球調査船として、今も活躍中だ。

今、「みらい」の前身が「むつ」であったことは大きな声では語られない。当初の建造費は三十六億円であったはずなのに、一千億円以上も使ったスキャンダラスな船である。すべては「放射能」という間違った言葉から始まった。

もし、あのとき、事故についての正しい情報発信がなされていたら、ひょっとして、地元も、違った反応になっていたのか。それとも、出港前からすでに大きかった拒絶反応から鑑《かんが》みて、あれ以外の展開はあり得なかったのか。

漁師たちが、自分たちの海を守りたい気持ちは、とてもよくわかる。豊かな生活を求めて「むつ」を誘致したものの、ホタテの養殖という、本来の漁師の仕事に極めて近い仕事で豊かさが保証されるなら、ぜひともそれを守りたいと思ったのは当然だ。だからこそ、それを邪魔する危険のある「むつ」を、彼らは徹底的に拒絶した。

しかし、両者をいかようにか共存させることは、本当にできなかったのだろうか。当時、「むつ」が締め出されたのは、時代の勢いで仕方なかったとは思うものの、今のむつ市は、景気が良いとはとても言えない。

現地では、新たな原子力産業に期待をかける声も聞く。実際、むつ市から南に三、四十キロの上北郡六ヶ所村には、原子燃料サイクル施設、国家石油備蓄基地など、エネルギー関連の施設が集中している。青森県は、まだ原子力との縁を切ったわけでもなさそうなのだ。

生活に役立っている放射線

放射能は諸刃《もろは》の剣《つるぎ》だ。一瞬で命を奪い、長年にわたって環境を破壊する可能性は、つねに存在する。しかし一方で、さまざまな効用もある。それがなければ、コバルト照射も、CTスキャンもあり得ない。アイソトープ治療でも体に放射性ヨウ素を入れるが、皆、それを承知で治療を受けている。

昔、ジャガイモは置いておくとすぐに芽が出たが、今は発芽しないものが多い。放射線で処理してあるからだ。注射針の殺菌、農作物や花の品種改良にも放射線は使われている。ＥＵではそれ以外にも、滅菌や、殺虫、成熟遅延を目的に、いろいろな作物に強い放射線を当てている。人間が浴びたらたちまち死んでしまうような大きな放射線量だが、安全は十分に確認されており、誰も文句も言わない。そのほか、タイヤのゴムの強化にも、電気コードの絶縁材の耐熱性向上にも、世界のあらゆる所で放射線は役立っている。

現在、福島の田畑では次のような工夫がなされている。田畑の表面の土は、長年お百姓さんが培ってきた財産なので、除染といってそれを捨てるのは悲しいことだ。そこで、よほど汚染レベルが高くない限り、表土の剥《は》ぎ取りはやめ、その代わり、カリウムを土壌に混ぜて、そこで作物を育てている。セシウムとカリウムはどちらも放射性物質で、化学的に似ているため、作物はカリウムで満腹にさせると、もうセシウムを取り入れられなくなるという。だから、セシウムの汚染が抑えられる。この方法は、チェルノブイリの事故のあと、ウクライナやベラルーシの畑で実践されたものだそうだ。

後述する、かつて世界一の放射能汚染地区だったアメリカのハンフォードでも、やはり同様の技術で農地が修復され、今ではワインの大産地となった。日本でこれらの事実がちゃんと伝えられないのは、とても残念だ。

風評にとどめを刺した日本学術会議の報告書

二〇一七年九月二十一日の毎日新聞のコラム『坂村健の目』に「被曝影響　科学界の結論」という、私に言わせれば、これまでの福島についての風評に最後のとどめを刺す決定的論評が載った。九月一日に日本学術会議が出した報告書「子どもの放射線被ばくの影響と今後の課題」についての見解だ。

学術会議というのは、科学を行政や国民生活に反映させる目的で一九四九年に設立された機関。二〇一七年度予算では同会議のために、約十億五千万円が計上されている。

坂村氏は、周知のとおり、日本が世界に誇るコンピュータ科学者。同コラムにおける氏の言葉はすべて重要だが、中でも、氏が同報告書から引用している箇所を、一部、孫引きさせていただく。報告書が対象としているのは、もちろん、福島第一原発の事故である。

「今後もがんが自然発生率と識別可能なレベルで増加することは考えられない」
「福島第1原発事故による胎児への影響はない」
「上記のような実証的結果を得て、科学的には決着がついたと認識されている」

この報告書について坂村氏は書く。

これを覆《くつがえ》すつもりなら、同量のデータと検討の努力を積み重ねた反論が必要だ。一部の専門家といわれる人に、いまだに「フクシマ」などという差別的な表記とともに、単に感覚にすぎない「理論」で不安をあおる人がいるが、そういう説はもはや単なる「デマ」として切って捨てるべき段階に来ている。マスコミにも課題がある。不安をあおる言説を、両論併記の片方に置くような論評がいまだにあるが、データの足りなかった初期段階ならいざ知らず、今それをするのは、健康問題を語るときに「呪術」と「医術」を両論併記するようなもの、と思ったほうがいい。（中略）マスコミができることは、もっとあるはずだ。

ところが、この報告書をマスコミはほとんど取り上げなかった。報じる、報じないは各社の自由だが、それにしてもひどすぎる。

その事実を踏まえて、十月十九日、氏は同コラムで再度、その問題を取り上げた。

ぜひ広く知らしめてほしい――と前回は書いた。なにしろ、この報告書の比較対象にすらできないほどいいかげんなデマによって、多くの悲劇が生まれている。それを止められるのはマスコミだからだ。

氏のコラムには、科学者としての気概と責任感、そしていいかげんなマスコミに対する憤りがほとばしっている。

放射能に関する風評は、人の心を傷つけ、社会を分断するばかりでなく、しばしば国家の多大な経済的損害にもつながる。

私たち国民は、知らないことが多すぎる。私も、そういう国民の一人ではあるが、だからこそ、なるべく頭を科学的にし、風評にまどわされまいと心している。そのためにも、正確な報道がなされ、冷静な議論が盛んになることを強く望んでやまない。

第四章

報道よりも
ずっと先を行く福島

五年後の福島第一原発を行く

東日本大震災から五年が過ぎた二〇一六年の六月、私はジャーナリストなど六名ほどの取材陣とともに、常磐線のいわき駅から東京電力のバスで福島第一原発に向かっていた。「フクシマ」という名を世界に広めた原発事故の現場だが、視察を受け入れられるまでになったことは、現場の状況が改善した何よりの証拠だ。

午前十一時半ごろ、まず広野町のJヴィレッジに到着。一九九七年に、日本サッカーのナショナルチームのトレーニングセンターとして作られた施設で、福島第一原発からは二十キロメートルほど離れている。Jヴィレッジの建設は東電の発案で、福島県と日本サッカー協会と共に企画し、費用は東電が負担した。3・11では津波の被害はなく、地震にも耐えた。

かつてのJヴィレッジは、十面の天然芝ピッチだけでなく、宿泊や研修施設も整い、日本サッカー振興のための重要拠点だった。サッカーを目指す子供や若者たちにとっては憧《あこが》れの殿堂で、特に地元では、Jヴィレッジに格別の思い入れを持っている人は多い。

第三章で紹介したNPO法人ハッピーロードネットの理事長、西本由美子さんもその一人だ。広野町の住人である彼女の家では、息子さんがここのサッカースクールの一期生だった。今、「ハッピーロードネット」は地域の道路の植樹や清掃活動などで有名になっているが、子供た

ちが練習しているあいだ、待っている母親たちがボランティアで、花壇の草取りをし
を植えたりしたのが、そもそもの始まりだったという。
原発の事故が起こったあと、Ｊヴィレッジは、政府、東電、陸上自衛隊、警察、
前線基地となった。

事故の当初、放射性物質の除去に携わった自衛隊の隊員はここで着替えをし、ヘリコプ
の除染もなされた。急遽《きゅうきょ》、プレハブの宿舎が設置され、お風呂もなく、満足な食料もない
う劣悪な環境の下、一時は約一千人もの関係者が寝泊まりしていた。燃料プールを冷却す
を供給する消防車や、がれき撤去のための戦車や装甲回収車、あるいは放射線量の測定車など
特殊車両なども、皆、ここに待機していたのである。

今、変わり果てたＪヴィレッジの姿を悲しむ地元民は多い。しかし、信じられないことに、ハッピーロードネットの人たちによる花壇の手入れは、原発の事故後も、一瞬中断しただけで変わりなく続いた。西本さん曰《いわ》く、「仕事の邪魔になるから、昔も中に入ってやっていたわけではなかったから、していることは変わらない」のだそうだ。

さて、そのＪヴィレッジで概況説明を受けたあと、私たちはいよいよシャトルバスで福島第一原発に向かった。ちなみにこのバスが、現在、福島第一で廃炉のために働く社員や作業員の通勤の手段でもある。

ちが練習しているあいだ、待っている母親たちがボランティアで、花壇の草取りをしたり、花を植えたりしたのが、そもそもの始まりだったという。

原発の事故が起こったあと、Ｊヴィレッジは、政府、東電、陸上自衛隊、警察、消防などの前線基地となった。

事故の当初、放射性物質の除去に携わった自衛隊の隊員はここで着替えをし、ヘリコプターの除染もなされた。急遽《きゅうきょ》、プレハブの宿舎が設置され、お風呂もなく、満足な食料もないという劣悪な環境の下、一時は約一千人もの関係者が寝泊まりしていた。燃料プールを冷却する水を供給する消防車や、がれき撤去のための戦車や装甲回収車、あるいは放射線量の測定車など特殊車両なども、皆、ここに待機していたのである。

今、変わり果てたＪヴィレッジの姿を悲しむ地元民は多い。しかし、信じられないことに、ハッピーロードネットの人たちによる花壇の手入れは、原発の事故後も、一瞬中断しただけで変わりなく続いた。西本さん曰《いわ》く、「仕事の邪魔になるから、昔も中に入ってやっていたわけではなかったから、していることは変わらない」のだそうだ。

さて、そのＪヴィレッジで概況説明を受けたあと、私たちはいよいよシャトルバスで福島第一原発に向かった。ちなみにこのバスが、現在、福島第一で廃炉のために働く社員や作業員の通勤の手段でもある。

眠りに落ちてしまった帰還困難区域

青空がきれいだった。バスはまもなく、富岡町、大熊町という「帰還困難区域」に入っていった。きれいに舗装されているが、すれ違う車はほとんどいない。いくら走っても、動くものは鳥と雲ぐらい。道路脇に、車からは降りないようにとの表示がある。

左右には、五年前までは田んぼだった土地が茫茫《ぼうぼう》と広がっていた。しかし、今、そこに見えるのは、一面に生い茂ったユキヤナギと、おびただしい数のフレコンバッグ。整然と並べられたバッグの中には、除染のために地面から剥《は》ぎ取った土が詰められている。

現地に立たないと実感できないということが、世の中にはある。震災の前ならば、ここは今ごろちょうど田植えが終わり、並々と水の張られた水田に、若々しい緑の苗が、一年坊主が胸を張るように威張って並んでいたことだろう。それが原発事故の一瞬で変わった。ユキヤナギは深く根を張り、もうすっかり人間の背丈を越えている。ここを再び田んぼに戻すことはもう無理だと聞いた。

見渡すかぎりのフレコンバッグは、見る者の心をひどく圧迫した。こんなにたくさんの土を、毎日根気よく一生懸命に削り、袋に詰め、運んだ人たちがいたのだ。

除染作業は雨樋《あまどい》や溝から始まり、屋根を、公園を、道路を、茂みをと、あらゆる所を舐《な》めるように進んだ。暑い日も寒い日も。想像しただけで、気が遠くなるようだった。一ミリシーベルトを目標にしたがために、そんな果てしない作業がおこなわれたということを私は聞いていた。しかし、そんな知識とは無関係に、ただ、目の前の光景がショックだった。秋が来ても、ここで豊かな稲穂が黄金色に輝くことはもうない。そう思うと、胸が詰まった。

しばらく行くと、家並みが見えてきた。五年三カ月前まで当たり前のように生活が営まれていた場所なのに、今、家々へ続く道は厳重に封じられている。

無人になった家々を見ながら、ふと、グリム童話の「いばら姫」を思い出す。意地悪な魔法使いの呪いのとおり、十五歳になると、糸紡ぎの紡錘《ぼうすい》で指を刺して、百年の眠りに落ちてしまうお姫様の話だ。その途端、王も王妃も、馬も犬もコックも召使も、壁にたかっていたハエも暖炉の火も、すべてが眠りに落ちてしまう。いつの間にか城の周りにはいばらが生え、しだいに高く生い茂り、そのうちに城をすっぽりと覆《おお》い隠してしまった。「帰還困難区域」の住民がここに戻れるようになるまでには、まだ二十年ぐらいはかかるという。対象住民の数、二万四千人（二〇一七年八月現在）。

死を覚悟して事故に向き合った人々

二十分ほどで福島第一原発に到着した。

厳重に警戒されている入口を通って構内に入る。五年前、「全電源喪失」「注水不能」「冷却不能」という絶望的な状況に陥った原発だ。しかし今は、必要なものだけが整然と並んでいる。

事故の直後、テレビの画面に映し出される福島は、いつも寒々しくて、暗かった。マグニチュード九・〇の地震に襲われながらも安全に停止したはずだった原発は、その直後に襲ってきた未曾有《みぞう》の津波で、一変してほぼ機能不全に陥った。

どうすれば、「冷やし、閉じ込め」、原子炉を暴走させずに済むのか。失敗すれば、日本は取り返しのつかないことになる……。

東電の経営陣や政治家たちが右往左往していたそのころ、何が起こるかわからない極度の不安の中で、手探りで頑張った人たちがいた。ガイガーカウンターの音に神経をすり減らしながらも、自衛隊員、消防隊員はくじけなかった。そして、一千人近い東電の職員も、自らの意思で暗闇の中に留まり、最悪の事態に陥ることをどうにか食い止めたのだった。

このとき陣頭指揮を執った故吉田所長の行動は、門田隆将著『死の淵を見た男　吉田昌郎と福島第一原発の五〇〇〇日』（ＰＨＰ研究所）に詳しい。

二〇一四年五月二十日、こともあろうに朝日新聞は、「所長命令に違反、原発撤退」という一面大見出しで、「第一原発にいた所員の九割が吉田所長の待機命令に反して第二原発へ撤退した」との誤報を流した。ジャーナリストの鋭い勘でその報道に疑問を感じた門田氏は、凄《すさ》まじいエネルギーで真実に迫る。それにより、結局、朝日新聞が報道したような事実は存在しなかったことが明らかになり、朝日新聞は記事を取り消した。朝日が裏付け取材さえしていなかったことも判明した。朝日が貶《おとし》めた故吉田所長と東電社員の名誉は、門田氏の熱意と良心で、ようやく救われたのであった。

同書は、読む者に二つのことを教えてくれる。まず、私たち日本人が、当時、いかに危ない橋を渡ったか。二つ目は、どれだけ多くの勇敢な人々がいたかということだ。

また、第二原発でも、職員が当時の増田所長の統率の下で一丸になり、奮迅の働きを見せた。格納容器内の圧力は刻々と上がっており、予断を許さない事態だった。冷却ができなければ爆発は避けられない。ひとつ間違えば、福島はチェルノブイリのように、数年間、草さえ生えない土地になっても不思議はなかった。リーダーシップとチームワークがこれほど問われる危機的状況は、かつてなかった。

増田氏の事故当時の行動は、二〇一四年、ハーバード・ビジネススクールのランジェイ・グラティ教授によって「その時、福島第二原発で何があったか」という論文にまとめられ、ハーバード・ビジネス・レビュー誌で発表された。現在、この論文は、同ビジネススクールのエグゼクティブ講座の教材になっているという。

二〇一一年三月十四日午前一時、格納容器内の圧力が高くなり、ベント(これについては第七章に詳述)が必要とされるわずか二時間前に、彼らはたった一台生き残った発電機で冷却システムを復帰させることに成功した。最悪の事態は避けられたのである。

しかし、この後も苦難は続いた。いかにして、この状態を安定させるか? 発電所には、事故以来、四百五十人の社員が泊まり込んでいた。うち女性は二十人。水は、発電所構内にあった古い井戸を復活させて、管をつないで引いてきた。

「どこで寝たんですか?」と尋ねると、「花見のときのマットみたいなのを敷いただけでした。そのうち、マイ枕、マイ毛布を配りましたが、寒くて、寒くて。皆、暖かい所を探して寝てましたよ、モニターの下とか」。

それを聞いて思わず笑ってしまったが、社員がようやく交代で家族の元に戻りはじめたのは四月になってからだったという。その家族も、多くは津波で家を失い、避難所にいた。

増田氏が初めて現場を離れたのは四月の末。生野菜もなく、食生活が偏っていたので、口中、口内炎だらけだった。

その後も所長としての責任が重くのしかかり、息が抜けなかった。これでもう大丈夫と確信したのは八月だったという。これらの事実は、それまでの原子力村の話とは切り離して、もう少し評価されてもよいのではないか。ちなみに、「その行動、胸を張って説明できますか?」というのが、増田氏の昔からの信条だそうだ。

電源喪失はなぜ起きたのか

当時、福島第一原発が、なぜ電源を復帰させることができなかったかということについては、私が今ここで書くまでもないだろう。第一原発の非常用の電源は、敷地の下のほうにあったので水を被《かぶ》って壊滅した。代替の電源もなかった。

なぜ？　それについてはいろいろな主張があり、答えを見つけるのは難しい。リスクマネージメントの不徹底。経営陣の陥っていた誤った経費節減。津波の高さの推定の甘さ。官公庁の無責任。あるいは、日本に蔓延《まんえん》している事なかれ主義。「まさか、そんなひどいことにはならないだろう」という日本人の甘えも、大いに一役買っていたに違いない。原発というハイリスクなものを扱っているにもかかわらず、誰もが波風を立てることを嫌った。すべてが甘かった。おそらく日本全体が甘かった。そして結局、それが大事故を招いてしまったのである。

では、今、私たちは甘くないのか。事故後、菅元首相の肝いりでできた原子力規制委員会は世界一厳しい安全規定を作り、原発の安全性を見張っている。「甘くしてはいけない」という反省が、彼らの頭を占めているに違いないが、現在の原子力規制委員会の思想が、国の運営、国民の幸せという大局から考えられた賢明でバランスの取れたものであるとは、私にはとても思えない。

事故のあと、東電についての報道は、ほぼ百パーセント批判的なものとなった。その様子は、戦後のドイツで、それまでヒトラーに熱狂していた人たちが、突然ナチを絶対悪として弾劾し始めたのと、どこか似ていた。多くの評論家や市民が、じつは自分はずっと以前からナチに抵抗していたと主張したのと同じく、福島事故のあとは多くの人が、自分は東電の〝罪〟を大昔から知っていたかのように発言した。

しかし冷静に考えれば、どこの世でも、百パーセント腐敗している組織が生き延びられるはずがない。電力会社の絶対的使命は電気の安定供給であり、実際問題として、東電はそれを長年、地道にやってきた。電気の安定供給など、消費者にとっては当たり前のことなので大して感謝もされてはいなかったが、同社が戦後日本の発展に大きく寄与してきたことは事実だ。そういった縁の下の力持ち的な性格も、やはり東電体質のひとつだろう。すべてを否定的に見ると、本質を見誤るのではないか。

福島第一に到着する前、私の頭の中にはさまざまな思いが入り乱れていた。当時、繰り返し見た映像、日本全体に垂れ込めていた悲壮感。大変なことが起こってしまったという恐れと、先のことが予測できない不安。そして何より、原発に対する不信感。

しかし、心にしっかりと焼きついていたはずのそれらいっさいの感情が、実際にその現場に立つと、ふと遠のいてしまう。カラッとした青空の下、目の前に広がる景色はただ無機質だ。

地面は汚染を防ぐためすべてコンクリートで固めてあり、心を慰めるような緑もない。かつての壮絶な戦いを想像することはもうできない。

「夏草や　兵どもが　夢の跡」。そんな言葉が頭の中に浮かんでは消えた。

今、福島第一原発にあふれる活気

福島第一原発の構内に入った私たちは、まず大型休憩所に向かった。屋根付きの渡り通路を進んでいくと、ヘルメット姿の人たちが列をなして歩いている。ここはまさしく巨大な工事現場だ。ようやく軌道に乗った廃炉作業には多くの企業が参入しており、毎日七千人が働いているという。

ほとんどの作業員は楢葉町や広野町、いわき市などに住み、Jヴィレッジから出るシャトルバスで通ってくる。浜通りは午後に風が強まるので、たいていの作業は早朝に始まる。そのため、未明からミーティングをする企業もあるという。

歩いている人の服を見ると、当然のことながら、協力企業の社員のほうが東電の社員よりもずっと多い。

私たちを案内してくれている東電の人が、すれ違う作業員の一人一人に、「お疲れさまです！」、「お疲れさまです！」と元気に声をかけていく。

大型休憩所というのは、二〇一五年五月三十一日から使われている九階建てのビルである。収容人数は一千二百人。これが出来てから、現場の雰囲気が劇的に改善されたという。

それまでは、食事といえば各自が持ち込んだ冷えたお弁当だけで、しかも、ゆっくり休憩する場所さえなかった。ところが、今では大食堂で温かい食事がとれる。四フロアにもわたるゆったりとした休憩スペースや、パソコンで事務作業ができる環境も整備された。とりわけ皆が喜んだのは、コンビニの開店だったという。暑い夏の作業後、冷たいアイスクリームも食べられる！　どれもこれも、普通の感覚から言えば些細《ささい》なことだが、しかし、それを説明する東電の人の表情はとても明るかった。

その開設まもない食堂で、私たちもお昼ご飯をいただいた。献立は二種類の定食のほか、麺、丼、カレーなどがあって、一食三百八十円。調理したものを、九キロ離れた大熊町の福島給食センターから運んでくるという。地元の食材をふんだんに使ったお料理はとても美味しく、重労働の作業員のためだろう、ボリュームもたっぷりだった。事故当時、皆が放射能を怖がって配達が滞《とどこお》り、現場では水さえ不足したことを思えば、今は現場にサービス業が参入したのだから格段の進歩といえる。

ちょうどこのころ、構内で大型マスクを着用しなければならないエリアが減ったこともあり、だんだん環境が正常に戻っていくという実感が、皆の表情を明るくしていた。実際、現場全体に新たな活力がみなぎっているように感じられた。

結集される日本のテクノロジー

二〇一四年四月、東電は福島第一廃炉推進カンパニーという新組織を立ち上げた。文字どおり、廃炉・汚染水対策に携わる子会社だ。そして、その会社が今、日本のテクノロジーの力を結集しながら奮闘し、大いに輝いている。

福島第一廃炉推進カンパニーには、東電出身の代表取締役社長のほかに、三菱重工業、東芝、日立GEニュークリア・エナジー、日本原燃など、社外から計六名が、副社長として登用されている。これまで日本だけでなく、世界の原子力プロジェクトに参画してきた企業が、今、事故の後始末という困難なプロジェクトに共に取り組もうとしている。

食事のあと、構内への入域手続きを済ませた私たちは、防御服を着て、各自、手渡された線量計を身に着けた。これで見学後の自分の被曝量を見ることができる。ちなみに防御服という と、放射能から身を守るように聞こえるが、そうではなくて、万が一、衣服に放射能が付いたとき、それを管理区域外に持ち帰らないための服だ。内部被曝の可能性はもうないので、マスクは着けない。

まず、バスで免震重要棟へと向かった。前述の故吉田所長が、死を覚悟で指揮をした場所だ。ここにあるモニターが、各原子炉の状態を逐一示しており、遠隔監視が可能になっている。原子炉の発熱は事故当時に比べると劇的に低下していて、すでに空冷でも良い状態になっているという（東京大学・岡本孝司教授）。水をかけて冷却し続けなければ、またむくむくと高熱になり、溶けてしまうのではないかと思っている人が多いが、それはないそうだ。とはいえ、もちろん緊急時体制は続いており、免震棟に、日中は約二百名、夜間も七十～八十名が詰めている（その後、この緊急時体制は緩和され、現在は新事務所で通常の業務をこなしながら、いざというときに緊急モードに移行するという形に変わった）。

再びバスに乗り、構内を一巡。車内の線量率はほとんどの場所で毎時一マイクロシーベルト前後だ。

私の記憶には、事故当時の、めちゃくちゃになった敷地の映像がこびりついているのだが、津波や爆発で構内を埋め尽くしていたがれきはすべて撤去され、作業車が舗装された道路をすいすいと走っていく。構内で使っている車は外に点検に出せないので、すべてここで整備しているという。公道でないから車検は要らない。

バスの車窓からは、防御服を着けた作業員の姿が見える。構内にいる人間は全員、毎日、被曝量のチェックを受け、国の定める年間被曝量を超えないよう管理されている。しかし、この日、私たちの目に入った作業員のほとんどは、マスクをしているだけだった。除染が進んだので、全面マスクが必要なのは敷地の一割。これからは、夏場の作業も格段と楽になるに違いない。

いまだに放射線量が高いのは、もちろん原子炉建屋の近辺だ。確かに、私たちが二号機と三号機のあいだを通り抜けたとき、数秒のあいだ、バスの中の線量が毎時三七〇マイクロシーベルトまで上昇した。

いつもニュースで見ていた建屋は、そばで見るとやはりすさまじい迫力だった。水素爆発によって壊れた建屋から、無数のへし曲がった鉄骨が見えている。残骸という言葉が頭に浮かんだ。しかし実際には、一、二、三号機の圧力容器の中には、かなり冷めたとはいえ、まだ核燃料が入っている。

バスの窓にへばりつくようにして、私は、その建屋を見上げていた。破壊の程度から、すべてが吹き飛んだ瞬間を想像できた。水素とは、酸素と混じって爆発すれば、凄《すさ》まじい威力を発揮するものなのだ。

ちなみに、この約一時間の構内ツアーでの被曝量は一〇マイクロシーベルトだった。胸部のいちばん単純なレントゲンでも、一回につき六〇マイクロシーベルトを浴びるというので、その六分の一だ。

壮大な「燃料取り出し用カバー」

福島第一原発の現場で知ったことはまだたくさんある。とりわけすごいと感じたのは、四号機からの使用済み燃料の取り出しだった。

四号機は、水素爆発で破壊された。震災のとき、ちょうど定期点検中だったので、核燃料棒は取り外されていたが、しかし、使用済み燃料が、プールの水の中に一千五百三十五本もあった。それを全部取り出し、構内の共用プールや被害を受けていない六号機のプールに移すことが計画された。この経緯は、東電のホームページで見ることができる。

まずは、建屋の中のがれきの除去。そのあと、建屋に負担をかけずに、中の燃料棒を引き上げるための、高さ五十メートルのとてつもない建造物が作られた。

この建造物には、「燃料取り出し用カバー」などという地味な名前が付けられているが、じつは、すごい代物だ。簡単に言うなら、建屋すれすれの所に巨大な柱を立て、その柱から今度は建屋の上に、水平アームを突き出させる。なぜ、こんな構造でバランスを保てるのか、素人目には不思議なほどだが、これらすべてを支えるため、基礎は耐震を考慮し、地盤に繋げてある。基礎部分に使用されたコンクリートは一万三〇〇〇トン。使用されている鉄骨は東京タワーと同じ量（四二〇〇トン）だ。要するに、この途方もない建造物が「燃料取り出し用カバー」で、その頑強な水平アームに、二七〇トンもある燃料取り出し用のクレーンが取り付けられる。

「燃料取り出し用カバー」の建設の際は、各部分はできるところまで、いわき市の小名浜ヤードで組み立て、そのあと大型トレーラーでここまで運び込んだ。トレーラーに積めない巨大なピースは船で輸送したという。

最終組み立てでは、線量の高い現場での作業を減らすために、さまざまな工夫がなされた。

たとえば、作業員が屋外で働かなくて済むよう、各部分を繋げるボルトは、すべて内部から締めるように作られている。被曝は、防御になる壁が一枚あるだけで、ずいぶん軽減されるからだ。作業員がいる所には、どこもフィルター付きの換気装置が整備されていることは言うまでもない。こうして「燃料取り出し用カバー」が完成し、水平のアーム部分に巨大なハイテク・クレーンが取り付けられた。

二〇一三年十一月十八日、いよいよ核燃料棒の取り出し作業が始まった。クレーンは、レール上を自在に動きながら、核燃料棒を一本ずつ、毎秒一センチの速度で慎重に釣り上げていき、キャスターに納める。放射線量が高いのですべてリモコンで。クレーン操作のベテラン技師たちが、事前に何度も訓練をして臨んだという。一千五百三十五本の燃料棒は、一年後の二〇一四年十二月二十二日にすべて無事に取り出せた。

福島第一の現場では、日立、三菱、東芝、本田技研、千葉工業大などといった企業や研究機関が、入れ替わり立ち替わり参入し、技術の粋《すい》を競っている。カギ型の「燃料取り出し用カバー」を作ったのは竹中工務店だし、無人でがれき撤去をする機械は、鹿島、大成建設、清水建設などで開発、運用されている。将来、世界のどこかで類似の事態が発生すれば、これらの技術と工法は大いにものを言うだろう。莫大な出費も、将来未来に向けての技術投資だと考えれば、少しは気が楽になる。

高放射能下で働くロボット

格納容器内にロボットを投入する試みも続いている。ロボットは国産だけではなく、アメリカ、スウェーデン、フランスなどからも持ってきている。ここ福島に世界中の先端技術が集結しているわけだ。

二〇一七年一月三十日、二号機の格納容器の下の部分に調査ロボットが到達し、圧力容器を下から観察することに成功した。それどころかロボットは、現場の温度や放射線量を測り、今後の調査の際に使える経路まで探してきた。当然のことながら、潜入した部分は、温度も放射線量も極めて高い所だ。

ところが、二月十六日、いよいよ本格的に調査を始めようとしたら、ロボットが途中で動かなくなった。このロボットには、サソリ型という名前が付いていたが、駆動部に破片か何かが入り込んだらしい。作業用レールは七・二メートルあるが、サソリは五メートルの所で止まってしまったという。一度はコードを引っ張って再トライしたものの、やはり進めない。

計測した放射線量は毎時二一〇シーベルト。推定していたのは六五〇シーベルトだったので、それよりも低いが、ここに行けば人は二分で死ぬ。サソリは放射線のせいで止まったわけではないのだが、結局、回収も不能となった。東電はサソリに大きな期待をかけていただけに、衝撃は大きいという。

さて、一号機のほうは、二〇一五年四月にヘビ型調査ロボットが投入された。そのあとヘビ型ロボはさらに進化し、ワカサギ釣り型ロボットに変身。格納容器の中でコの字型に変形したうえ、計測器をたくさん付けたケーブルを汚染水の中に垂らすのでワカサギ釣り。

ところが、一七年の三月十四日、いよいよ進入させようとしたところ、これを監視するために、あらかじめ設置してあったもう一つのロボットから映像が来ないというトラブルが起きた。ロボットは皆、ハイテクの塊なので、なかなか思うようにいかない。

一方、明るいニュースもある。七月二十一日になって、三号機に投入されたロボットが、格納容器内のきれいな画像の撮影に成功した。魚のように泳ぐ小さなロボット、ミニマンボウだ。画像には白っぽい塊が写っている。それをデブリであると報道しているメディアは多いが、実験でしばしばデブリを見てきた原子力安全工学が専門の石川迪夫《みちお》氏は、その仮説には懐疑的だそうだ。なぜなら、デブリの成分は二酸化ウランなので素から黒い。チェルノブイリのデブリも茶黒色だった。石川氏は、この白っぽい塊は、圧力容器を覆う断熱材のアルミが溶けて固まったものではないかという仮説を立てている。「アルミは白い、融点が低く溶けやすい。断熱材だから足場にも落ちる」。推理小説のようだ。

いずれにしても、格納容器内の調査はまだまだ緒に就いたばかりだ。しかも、経費は莫大で、国際廃炉研究開発機構によると、福島の一、二、三号の格納容器の調査にかかる事業費は、一四

〜一七年度で合計約七十億円と推定されている。

チェルノブイリの廃炉は二十二世紀に？

廃炉の予算は、現在、天文学的な数字となっている。二〇一六年十二月に経産省が発表したところによれば、福島第一原発の事故の処理費用は、最初の十一兆円から二十二兆円に倍増している。中でも、廃炉費用が二兆円から八兆円に膨《ふく》らんでおり、当然のことながら、これについては賛否両論がある。

通常の廃炉なら、計画にもとづいて、使用済み燃料を取り出せば、原子炉の放射能の九九パーセントはなくなる。四号機での使用済み燃料棒の取り出しがそうだった。それが終われば、整った作業環境の下で、残り一パーセントの放射能に注意しながら、発電所を解体撤去していけばよい。

ところが福島では、一号機も二号機も三号機も、まず使用済み燃料が容易には取り除けない。溶融炉心がどんな状態になっているかも不明で、しかも放射能がむき出しの状態だ。そのうえ、施設は爆発で壊れている。廃炉の困難度は、正常に運転を停止した炉とは比べものにならない。

事故で炉心溶融が起こった原発は、世界に幾つかある。だが、その中で、炉心を取り出した例はアメリカのＴＭＩ（スリーマイル島）原発だけだそうだ。

ただし、TMIの原発で廃炉作業に取り掛かったのは、事故後十五年も経ってからのことで、しかも、取り出したのは、すべてではない。内部の放射線量が高いため、溶融した炉心の一パーセントは圧力容器内に残したままで、それ以後は四十年経った現在も手をつけていない。いつ、残りを取り出すかも、まだわからないという。ただし、放射能はもちろん厳重に管理されている。要するに、取り出しはまったく急いでいないということだ。

もうひとつ有名なのは、チェルノブイリ。福島とは違い、一帯の汚染地域は除染をせず、そのまま立ち入り禁止地区にして放置した。除染にお金をかける気はもともとなかった。土地はほかにもたくさんあるからだ。

壊れた原子炉自体は、コンクリートや鋼材で「石棺」を作って覆《おお》い、放射能の拡散を防いだが、三十年が経過して、その「石棺」がボロボロになってきた。そこで、EUなどがお金を出して、その石棺をさらに上から覆うかまぼこ型の巨大シェルターを作った。これは二〇一六年に完成したが、目的は、放射能を百年間ほどここに閉じ込めておこうというものである。

また、イギリスのセラフィールドの原発では、炉心溶融が起きたのは一九五七年だが、炉心を取り出して廃炉を終えるのは、おそらく今から百年後。じつは、まだ、廃炉に取り掛かってもいない。

日本はなぜ廃炉を急ぐのか

それらに比べて福島では、事故後十五年をめどに溶融炉心を取り出し、四十年後に廃炉の完了を目指すという青写真を組んだ。事故の混乱が収束していない二〇一一年の十二月、政府と東電が共同で作った青写真だ。アメリカのTMI、旧ソ連のチェルノブイリ、そしてイギリスのセラフィールドの例を見れば、東電のやろうとしていることが、どれだけ大それた計画であるかは、素人にもわかる。

これは日本人の潔癖な性格に起因していると思われる。壊れた核燃料という厄介なものを何十年も置いておくなど、想像することさえおぞましい。一刻も早く、片付けてしまいたい。五十年先なんてとんでもない。日本人は元々、長期計画があまり好きではない。

前述の石川氏は警告する。そもそも「廃炉」という言葉が、解体撤去と同意語になっていることが間違いだと。

「解体撤去を急げば、いきおい人海戦術に頼らざるを得ず、その副産物として、膨大な人件費と無用な作業員被曝を伴う」

しかも、この青写真には、取り出した放射性物質の処分場はおろか、仮置き場所の名前すら示されていない。これでは、解体を始めても、出てきた汚染物質は受け入れ先がないまま宙ぶらりんになってしまうだろう。良いことは何もない。

では、どうすればいいのか？

かつて放射能で汚染された町が全米で一番人気に

興味深い話を聞いた。

アメリカ・ワシントン州の南部にあるハンフォード・サイト（核兵器研究所）の町おこしだ。ハンフォードというのは、ワシントン州の南部にある巨大な核施設群で、アメリカが日本に落とした原子爆弾のプルトニウムの精製はここでおこなわれた。

四十年前まで、ハンフォード・サイトは、とんでもない量の高濃度の汚染水をコロンビア川の支流やその近辺に垂れ流していた。当時は環境規制もなく、ハンフォードは、アメリカ最大の汚染地域だった。これまで全米で環境中に流された放射性物質のほとんどは、ハンフォード・サイトから放出されたと言われている。

除染が始まったのが一九八九年。以来、延々とやっており、まだ数十年かかると言われているが、最寄りの都市リッチランドの住民の被曝量は、すでに同州最大の都市であるシアトルよりも低い。つまり、住むに何ら問題はない。

このハンフォードが、今、面白い。ハイテク・エネルギーや、環境除染の研究所が密集し、そのほかにも医療、食品加工と、さまざまな産業が磁石に引きつけられたように集まっている。また、放射線事故を逆手に取るように、どんな災害にも対応できる訓練施設も作られた。米軍や、危機管理産業などが、特殊訓練に使っているというから、まさに一大ビジネスだ。二〇一〇年、リッチランドの雇用上昇率と人口増加率は、全米三百十二都市の中でいちばん高かった。

また、放射性物質は六十種類以上あるため、それぞれに対応する方法を工夫しているうちに、そこから得られた除染の知識が、直接農業に生かせるということがわかってきた。そのおかげで農業が活性化し、ジャガイモがたくさん取れるので、フライドポテトの製造はアメリカ一。おまけに、ぶどうを植えたら良い品質のものができた。それではワインを作ってみようということになり、ワシントン州立大学と共同で取り組んだ結果、現在、全米最高質のワインの一つが、この地方産だ。ワインの研究所までできた。除染というのは科学技術の粋を集めておこなうので、その研究結果が、さまざまな産業に利用できるということらしい。

福島がワインの名産地となる日

アメリカ政府は二〇一五年、三つの核研究施設を、国立歴史公園に指定した。一つがここ、ハンフォード・サイトで、あとは、日本に落とした原爆を製造したニューメキシコ州のロスアラモス国立研究所と、そのためのウラン濃縮をおこなったテネシー州のオークリッジ国立研究所だ。

アメリカ政府は除染に莫大なお金を投資したが、それにより、既存の原子力産業や農業は拡大したばかりでなく、新規ビジネスが生まれ、砂漠と核施設しかなかった過疎地が魅力的な都市に生まれ変わった。

ひるがえって、福島の浜通りも、海あり、川あり、山あり、おまけに温泉もある素晴らしい所だ。ハンフォード・サイトに比べれば、環境汚染の度合いも規模も、比べものにならないほど低い。すでに原発の界隈ではイノシシが元気に繁殖している。ハンフォードの話を聞けば聞くほど、福島の復興には希望が湧いてくる。事故直後に慌てて作った廃炉の青写真に拘泥《こうでい》するのは、愚の骨頂ではないか。

セラフィールドの事故現場のように、溶融炉心を遮蔽《しゃへい》すれば、福島でもその保管費用は総額でも二兆円ほどで済むはずだという。経産省の編み出した八兆円とは雲泥の差がある。しかも、そのうち、遠隔操作やロボット技術もさらに進んでいく。無駄な費用と被曝の危険まで冒して、無理な取り出しを急ぐ理由は何もない。

福島でもワインを作ればいいと思っていたら、すでにその試みは東電の復興本社の手で始まっているそうだ。政府の福島浜通り復興計画の一環。土地を提供したのが川内村。アイデアは、もちろんハンフォードが手本となっている。

二〇一六年から始めて、すでに一万本を植えた。ブドウ作りの基本は、日当たりが良くて、水はけの良い土地。川内村大平のブドウ畑は、正面に阿武隈山地が見え、見事な景観だという。そのうえ不思議なことに、ワインと聞いてすでに人が集まりはじめている。

前述の、東電の復興本社の石崎氏が、ある日、そのブドウ畑で苗植えボランティアをしていたら、その中に偉そうにいろいろ指示をしている人がいて、訝《いぶか》しく思ったという。聞いてみると、なんと、「日本ソムリエ協会」の設立に尽力したという大物だということが判明。十五年前、リタイアして神奈川県から福島に移住。そうこうするうちに、自宅の近くにブドウ畑ができると聞き付け、顔を出し、そのまま指導している気配である。僥倖《ぎょうこう》とはこのことだ。「今では、ここでのワイン作りの大切なお仲間の一人です」と石崎氏。偶然とは面白いものだ。

福島の人々にとっての「ありがた迷惑」

福島に行き、いろいろな人の話を聞くと、さまざまなことが少しずつ、しかし確実に前進していることがわかる。なのに、凍土壁の完成も、開発の進むロボットの話も、最新の工法や技術が編み出されていることも、四号機の核燃料取り出しが成功したことも、夢の溢《あふ》れるワイン作りの話も、一向に国民の耳には入らない。その代わりに出てくるのは、ロボットが止まってしまったこと、「帰りたくても帰れない住民」などといった悲しい話ばかりだ。

なぜ、福島関係のニュースは、今もすっぽり悲しみに包まれていなければならないのか。明るい話でも、明るくはない。たいてい、悲劇の中にほのかに希望が透けて見えるような作りになっている。そんな風潮にいちばん苦しんでいるのは、福島の人たちではないか。しかもその横では、「全部除染しろ」「早く廃炉しろ」と、お金に糸目をつけない、しかし、あまり役に立たない目標に拍車がかけられる。

ただ、福島についてよそ者が口を挟むのは、とても難しい。福島の人々の悩みを理解するのはもっと難しい。前述の開沼博氏の著書の末尾に、「福島へのありがた迷惑12箇条」というのが載っており、たいへん興味深いので、一部引用させていただく。

1、勝手に「福島は危険だ」ということにする

2、勝手に「福島の人は怯《おび》え苦しんでる」ことにする

3、勝手にチェルノブイリや広島、長崎、水俣や沖縄やらに重ね合わせて「同じ未来が待っている」的な適当な予言してドヤ顔

4、怪しいソースから聞きかじった浅知恵で、「チェルノブイリではこうだった」「こういう食べ物はだめだ」と忠告・説教してくる

5、多少福島行ったことあるとか知り合いがいるとか程度の聞きかじりで、「福島はこうなんです」と演説始める

6、勝手に福島を犠牲者として憐憫の情を向けて、悦に入る

これを読むと、私もひょっとすると、違った意味で余計なお節介を書いているかもしれないと、少し不安になる。しかしその一方、福島の復興を日本全体の課題とみなし、日本人全員が知恵を絞り、積極的に口を出していくことも、絶対に必要だと思う。福島での良いニュースは皆の心を明るくする。もっと報道してほしい。

発想を変えるとき

東電に対する批判は、今も激しい。政治家と東電の経営トップ陣が、長年癒着し、巨大な利権を共有してきたという告発を作り話だとは思わない。原子力村への批判にも、真実は多く含まれているだろう。しかし現場では、そんなこととは関係なしに、今日も黙々と作業が続いている。

現在のJヴィレッジは、ようやく前線基地としての役目を終えた。二〇一六年十一月より、廃炉の基地が第一原発の現地に移ったためだ。駐車場となっていたサッカーのグラウンドは、これから芝を植え、元のような美しい姿に復元させる。そして二〇一八年、Jヴィレッジは再びサッカー施設として、新しいスタートを切ることになるという。とても嬉しいニュースだ。

これを契機に、除染の終わったに原発の周辺地域を整備し、ハンフォードでやっているように研究所を作ったり、工業団地にして企業を誘致したり、ワイン畑を作ったりして、浜通りを活性化したいものだ。楽しそうな所には、人が自ずと集まってくる。ハンフォードでできたことが、福島でできないはずはない。

今、私たちは発想を変えるべきではないか。

第五章

ドイツの失敗を繰り返すな

民主党政権による国家的損失

すべてを経済の見地から考えることは、普通、浅ましいことだと思われている。だから、宵《よい》越しの金は持たないタイプが豪傑《ごうけつ》と呼ばれたり、贅沢《ぜいたく》を排除して暮らす人が清貧であると尊敬されたり、金儲けの上手すぎる人が吝嗇《りんしょく》と陰口を叩かれたりする。

まあ、人は皆、自分の好きなように暮らせばよい。清貧もよし、自然に寄り添うもよし、贅沢三昧もよし。生き方は個人の信条の問題だし、日本は自由な国だ。

ただし、国民が、それぞれの意思とは別に、全員つましく暮らすしか選択肢がなくなったとしたら、話は別だ。その国は貧しいということになる。

貧しい国には、昔なら他国の軍隊が入ってきたが、今はあっという間に他国の資本が入り込む。経済の主導が奪われれば、国家の主権は虫食いになり、国は静かに乗っ取られる。そして、国民は必ず不幸になる。今のギリシャがそうだ。ギリシャはかろうじて国の体裁は保っているが、財政の主権はすでに持たない。これでは主権国とは言えない。

貧しくても誇り高く独立を保つことは、今の世界では難しい。日本が貧しくなることを国民が欲しているとも思えない。

だからこそ、国家は絶対に国の経済を疲弊させてはならないのだ。

ところが、二〇〇九年に政権に就いた民主党はそういう肝心要《かなめ》のことを考えず、目先の利益だけにとらわれた。世の中には、一見、無駄な出費のように見えても、けっして無駄でないものは多い。それを民主党はわからなかった。

たとえば、彼らが学術研究費を仕分け対象にした報いは、二〇一七年三月、イギリスの科学雑誌『ネイチャー』が端的にまとめている。それによれば、「日本の科学研究はこの十年で失速し、科学界のエリートとしての地位が脅かされている」。

失速はバブルの崩壊などで、当時、すでに始まっていた。最先端技術の分野でしか生き残る道のない日本は、本来ならば、学術研究費は上乗せすべきだったのだ。そうでなくては日本の科学者は、二十年後にはノーベル賞も取れなくなってしまう。

また、大使館や総領事館は、何の儲けにもならないとはいえ、国の格を示すものなので、立派であるほうがよい。ところが二〇一二年、なぜかハンブルクにあった日本の総領事館が閉鎖され、在ハンブルク出張駐在官事務所に格下げになるという珍事があった。そしてそれに伴い、ハンブルクの一等地にある瀟洒《しょうしゃ》な総領事公邸が売りに出された。幸いなことに、買い手がつかないうちに総領事館は復活したが、危ないところだった。ハンブルクと日本の交易の歴史は長い。総領事がいなければ、その歴史も、日本の存在感も、だんだん薄れていってしまうだろう。

当時、民主党は、政権交代こそが景気回復への道だと主張していた。しかし、何のことはない。彼らが政権を握り、円高を放置しているうちに、日本はさらに不景気のどん底に向かって突進していった。そして二〇一一年、すでに国民が、このままではどうなるのかと不安を募らせていたころ、不幸にも東日本大震災が起こった。

東日本大震災、そして、福島原発の事故が民主党政権下で起こったのは偶然でしかない。そして、彼らが未曾有《みぞう》の天災と原発の大事故を前に、ベストな対応ができなかったこともわからないではない。自民党だったなら何をどれだけうまくやれたか、それも不明だ。

ただ、民主党の大きな失敗は、事故前と同じく、事故後の政治でも、ことごとく国家の大計から外れていったことだと思う。中でも、彼らが掲げたエネルギー政策は、たとえ民主党、あるいは、その後継党である民進党が史上から消え去ったとしても、後々まで日本の経済に重篤な打撃を与え続けることになる類の、最悪の決定だった。

ドイツとはまるで違う日本のエネルギー事情

日本のエネルギー事情は今も昔も、ドイツに比べて格段と厳しい。ドイツには国産の褐炭（質の悪い石炭）がまだふんだんにあって、しかも地表に露出している。天然ガスも液化という手間暇をかけずに、日本に比べればはるかに安い値段であちこちからパイプでガスのまま輸入できる。また、原油の各産地も近い。そのうえ、送電線はヨーロッパ中を縦横に走っているので、電気のやりとりも容易だ。それらすべての利点を日本は持っていない。

しかし、民主党はそんなことなどおそらく考えていなかった。福島第一原発事故のあと、原発を毛嫌いする国民が急増し、政治家がそちらの方向に舵《かじ》を切ることはいとも簡単だった。だから、菅首相は嬉々として原発をすべて止めた。止めたら国の経済がどうなるかなどということはいっさい考えず、得意満面で、ただ止めるために止めた。国民が拍手喝采してくれさえすれば、それでよかった。

一方、菅直人氏が手本にしたドイツは、二〇二二年までに原発を止めると言っているが、まだ止めたわけではない。半分近くは動いている。一国のベースロード電源をまかなっていた発電所を、一気にすべて止めるなどという暴挙に出た産業国は、これまで菅政権下の日本以外にはどこにもない。

しかも、菅氏の率いる民主党が反原発ポピュリズムに陥り、国家を衰退させようとしていたとき、マスコミも明らかにそれを後押ししていた。マスコミはなぜ、この政策のゆくえをもっと冷静に検証しようとしなかったのか。

景気が上向きにならない本当の理由

民主党が政権の舞台から消える五カ月前の二〇一二年七月、生活保護を受ける人の数が、ついに過去最大となった。民主党（民進党）は今、虫の息だが、彼らの残した呪詛《じゅそ》ともいえる原子力規制委員会は、原発を再稼動させないことを是としているようで、この五年間、着実に日本の経済にブレーキをかけ続けている。

原発が止まれば、火力を動かさなければならない。それは、日本だけでなく、再エネが天文学的に増えているドイツでも同じで、原発の数を減らした途端、CO_2が増えてしまった。

一方、日本は国産資源に乏しく、燃やすものは輸入するしかない。燃料費の増加分として、二〇一三年に三・六兆円、二〇一四年には三・四兆円を払っている。石油や天然ガスの値段が格安になった二〇一五年でさえ一・八兆円、二〇一六年で一・三兆円。二〇一一年から一六年まで、合計で十五・五兆円と膨大な支出だ。石油や天然ガスが再び値上がりしたときの話は、考えるのもおぞましい。

二〇一六年の歳出は、公共事業費が五・九兆円、文教および科学振興費がたったの五・三兆円だ。これまでに燃やしてしまった十五・五兆円があれば、教育にも学術研究にも十分にお金が使えた。そして、国民のお財布にもう少しお金が残り、私たちの生活はもっと満足のいくものになっていただろう。

日本人がこれほどの技術をもち、これほど勤勉に働き、政府は有為な財政出動もおこなっているのに、なかなか決定的に景気が上向かないのは、消費税増税のせいでも、中国の不景気のせいでも、ましてや安倍内閣が無能なせいでもない。一番の理由は、原発を止めて化石燃料を買っているからではないか。もちろん、それをいまだに軌道修正できない自民党にも一半の責任はあるのだが、それでもこの条件下で、ボロボロだった日本の経済を、どうにかこうにかここまで引き戻したのだ。その功績は評価すべきだと思う。

再エネはベースロード電源にはなり得ない

多くの人は、再生可能エネルギーを増やせば、原子力も火力も要らなくなると思っている。だから、原発稼働に反対しているのだ。

しかし、産業先進国の電力の安定供給は、そう簡単にはいかない。それどころか、再エネが増えすぎたドイツでは、多くの問題が起こっている。これについてはあちこちで書いているので、ここでは要点だけ触れておきたい。

再生可能エネルギーは、いくら増えても、今のところ、そして、近い将来も、ベースロード電源にはなり得ない。ベースロード電源とは、季節、天候、昼夜を問わず、一定量の電力を安定的に低コストで供給できる電源で、何よりも大切な産業基盤だ。そんな大切なものを、まさかお天気まかせの太陽と風に委《ゆだ》ねるわけにはもちろんいかない。だからドイツの場合、現在ベースロード電源は原子力と石炭火力でまかなっている。

しかしドイツは、これから原発を止めていかなくてはならない。これだけ再エネが増えているのだから、原発などなくても大丈夫と思っている人はたくさんいるが、それは大間違いで、無ければたちまち困る。だからドイツは今、その対策として、複数の火力発電所を新設中だ。しかし、再エネ推進を主張する人々は、この不都合な真実は無視する。あるいは近い将来、解決可能なこととして、さらっと触れるだけだ。そして、火力が建設されていることがあたかも悪いことのように糾弾する。

電気の受給バランスを無視したドイツ再エネ法

ドイツで再エネ施設が爆発的に増えた直接の理由は、再エネ電気の全量・固定価格・二十年間・優先・買取制度のせいだ。特に太陽光は設置が簡単で、すぐにお金が入るため。二〇〇〇年から二〇一四年までの十四年間で、発電施設の容量が四百倍にもなった。ただ、ドイツは太陽があまり照らないので稼働率は一割にも満たず、太陽光発電が総発電量に占める割合は一五年の時点でも五・九パーセントに過ぎない。よく使われる例だが、ドイツよりも日照時間にずっと恵まれている日本でさえ、もし、本当に原発一基分の電気を太陽光発電でまかなおうとすれば、山手線の内側とほぼ同じだけの面積（五十八万㎢）が必要になる。効率の悪さでは、右に出る電源はないだろう。

もっとも、いちばんの問題は、効率の悪さではなく、太陽が照り、しかも、風が強い日に電気が出来すぎてしまうことだ。電気は多すぎても少なすぎても停電を引き起こす危険をはらむ。

自由市場の掟として、供給過剰になると商品の値段は下がるので、普通なら生産を控えることによって価格調整がなされる。しかし、再エネは作った分だけ必ず買ってもらえるので、この原則が機能しない。生産者が需要と供給のバランスを考えずに発電できるこの仕組みを、ドイツではプロデュース&フォゲットと言っている。つまり、作って忘れろ！　こうして需要と供給のバランスがいっさい無視されたまま、要らない電気が生産されてしまう。

ドイツの再エネ法では、再エネ電気の買い取りの財源は、賦課金としてすべて消費者の電気代に乗せられている。つまり、屋根にパネルを載せることのできる比較的裕福な人々は、日が照れば必ず利益が出るが、その費用は貧乏人も含めた国民全員が負担しているということになる。しかも、電気が余り気味のときは電気の市場値段が下がるため、買い取り値段との差額が広がり、消費者の負担が増える。この賦課金のせいでドイツの電気代は毎年上がっており、現在、EUでデンマークに次いで二番目に高い。家庭用電気は、フランスに比べると、ほぼ二倍だ。

環境保護にとっても実質効率ゼロ

一方、その反対に、再エネはお天気によっては突然、発電量がゼロに近くなることもある。だから通常の発電所が、いざというときのために、ピーク需要を支えられるだけの容量を確保しておかなくてはならない。ただ、再エネは優先買取が保証されているため、再エネでの発電が増えれば、その他の発電所は出力を下げて、需要への対応、予備電力の確保など、全体のバランス調整役を強いられる。もちろん採算が取れない。しかし、撤退しては、今度は夜や雨の日、凪《なぎ》の日などに停電の危険が増すので、撤退も許されない。

また、ときには火力が全部稼動しても、電気が足りなくなることもある。そういう場合は隣国から買う。つまりドイツは、他国の原発電気の恩恵にもちゃんと与《あずか》っている。

再エネの問題はまだある。再エネは絶えず、雲のかかり具合、風の吹き具合などで、発電量が変わる。その調整役も火力しかできないため、それを引き受けているうちに、既存の火力発電所は経営が悪化してしまった。そこで経費節減のため、比較的きれいな天然ガスではなく、安い褐炭を燃やすため、CO_2がいっこうに減らない。

二〇一七年六月二十六日、いったい現在、ドイツのエネルギー事情がどういう状況になっているかという詳しい記事が、大手「フランクフルター・アルゲマイネ」紙に載った。筆者は、デュッセルドルフ大学の教授、ユスティィス・ハウカップ氏。二〇〇八年から二〇一二年まで、ドイツ独占委員会（寡占を防ぎ、市場の自由競争を守るための諮問機関）の委員長であった人だ。

記事のタイトルは、「ドイツの高価なエネルギー迷路」。リードは、「何十億ユーロもの助成金を得たドイツの〝グリーン〟電気は、環境保護にとっては実質効果ゼロで、電気代を危険なまでに高騰させる」。

ドイツの大手紙が、ここまで赤裸々に再エネの問題点を指摘するのは珍しい。それにしても、再エネが環境問題にも、また、電気料金の抑制にも役立っていないとなると、何のための脱原発かがわからない。

火力の支えが必要な再エネ電気

中でも、国民のあいだでいちばん理解されていないのは、電気は溜めておくことができないという事実だ。少量なら蓄電は可能だし、その技術もあるが、産業基盤になるだけの電力を溜めるなどということは、現在のところ、まだあり得ない。結局、蓄電池では、車を走らせるのがやっとで、ただし、これも採算が取れているかどうかは怪しい。なぜなら、電気自動車の普及には、ドイツでも日本でも、補助金が出ているからだ。つまり、電気自動車も再エネ発電と同じで、まだ純粋な自由経済の枠内で戦っているわけではない。

電気は溜めることができないからこそ、これまで世界中の電力会社は、刻一刻と変わる電気の需要に、いかにして瞬時に供給を合わせるかに苦心し、高度なノウハウを構築してきた。しかし、その作業が今、再エネ電気の増加でより難しくなっている（この経費もやはり消費者の電気代に乗る）。しかも再エネ電気は、電圧も周波数も不安定なまま系統に入り込んでくるため、電力会社はその調整にも追われ、今では電力会社が、火力の出力を増やしたり減らしたりする回数も、すでに年間何千回にもなっているという。しかし、そんなこともドイツ人はほとんど知らない。

ドイツには、送電線の問題もある。ドイツ経済は南北格差があり、北は産業が少なく、南では盛んだ。風はその反対で、北の海岸沿いで強いので、北ドイツでは風力電気が余っている。そこで、その余剰電気を、電気の足りない南ドイツに持って来るはずだったが、計画されている送電線設置が、住民の反対もあり、一向に進まない。そこで、余った電気は隣国に流したり、あるいは、隣国経由でドイツ南部に送ったりしているわけである。

ただ、隣国にしてみても、要らない電気が入ってくると迷惑する。送電線がパンクしないよう、自分たちの火力の出力を落として調整しなければならなくなるからだ。そんなとき、困ったドイツは、お金をつけてもらってもらうことさえしている。高く買い取った電力を、マイナス価格で売るというのは、市場経済の原則を大きく離れた行為だ。その赤字分を国民が電気代として負担していることはすでに書いた。

ただし、ドイツの場合、それでも脱原発は可能だ。なぜなら、たとえ電気が多すぎても少なすぎても、九カ国もある隣国と電気のやりとりができるからだ。送電線はしっかりとヨーロッパ中で繋がっている。余った電気は隣国に流し、足りないときはその反対をすれば、採算を度外視するつもりなら、停電は避けられる。ただ、こんな贅沢《ぜいたく》ができるのも、ドイツが裕福な国であるからこそで、他の国が真似をしたら大変なことになる。少なくとも日本は地勢が異なるため、たとえ国民に経済力があったとしても真似はできない。

日本はドイツを見習ってはならない

島国日本は、たとえお金を付けても余剰電気を持って行く場所がない。また、電力会社が経済的に逼迫《ひっぱく》しても、褐炭などという自前の安い資源もない。

そのうえ再エネの買取値段は、何を勘違いしたか、現在、ドイツより高値だ。これを決めたのも当時の民主党政権だ。民主党がこの制度を真似たとき、すでにドイツは何度目かの買取値段の値下げを断行していたにもかかわらず、である。

また、日本の太陽光発電者のように、申請だけして稼働させなくてもその権利が保たれるなどという抜け道は、ドイツには最初からなかった。なぜ、当時の民主党政権は、これらを無視したのか。また、マスコミはなぜ指摘しなかったのか。

再エネ法の数度の改訂により、二〇一四年、ドイツはすでにプロデュース&フォゲットの買取制度を事実上停止している。メガソーラーやウィンドパークは、設置の容量の上限が決められ、また、その認可にも入札制度が取り入れられはじめた。もちろん、まだ補助金は付いているが、従来のような保障付きの買取制度とはすでに違う。いずれにしても、今のドイツ政府は、電力の市場にどうにかして市場原理を取り戻さなければ、いずれ二進《にっち》も三進《さっち》もいかなくなるということがわかっている。

ただ一方では、ドイツ政府は目下のところ、再エネをどんどん増やしていくと世界に向かって啖呵《たんか》を切っており、しかも喝采《かっさい》を浴びているので、再エネ大国の旗は下ろせない。さらに言うなら、ドイツにはすでに巨大な再エネ・ロビーが形成されてしまっており、再エネで儲《もう》かっているセクターも多い。だからといって、それでドイツが本当に火力と原発から脱皮できるかどうかは別の話だが、再エネが投資という意味ですでにビッグビジネスに成長してしまっていることは事実だ。ゆえに、国家経済上、多大な矛盾が生じているにもかかわらず、そのサイクルから抜け出せない。決定的な破綻が来ないよう、法の改訂はいつも、だましだまし進めているというのが現状だ。

また、ドイツは最近とみに、EUの送電線の統合を主張している。発電のでこぼこをスムーズに補正し合うためだ。ただ、ドイツが晴天なら隣国も晴天である場合が多いし、ドイツが夜なら隣国も夜なので、EU全体で再エネが増え続けると、互助作用はうまく機能しなくなる。だからドイツは内心では、隣国が供給の調整可能な安定電源を持っていることを望んでいるに違いない。イタリアやオーストリアの火力発電所の幾つかは、南ドイツのために待機し、電気が足りなくなったときすぐに稼働するという契約を結んでいる。

さて、ドイツでこれほど問題が噴出しはじめているのに、日本はそれをちゃんと検証もしない。大新聞も、いまだにドイツ再エネ礼賛というおかしな記事を配信し続けているのはなぜだろう。それどころか、日本の電力会社は再び金儲けを夢見て原発を稼働させたがっているとか、未練がましくも汚くて将来性のない火力にしがみついているとか、再エネ発電者に意地悪をしているというような、現実を歪めた報道ばかりがなされている。

エネルギー危機に真剣に向き合った人々

大手マスコミは取り上げなくても、福島の事故のあとも原発の必要性をぶれることなく主張し続けていた人は、少数とはいえつねにいた。それは、原子力村などという怪しい言葉で括《くく》られてしまった人々の中にもいたし、そうでないところにもいた。

そのうちの一人が、ＮＰＯ法人国際環境経済研究所代表であった澤昭裕氏だ。元経産省の官僚として日本のエネルギー政策に関わってきた澤氏は、「国の隅々まで必要十分なエネルギーを供給することは、国が果たさなければならない国民に対する重要な責務である」という信念を、福島の事故のあとも変わらずに持ち続けた。

澤氏は、二〇一六年初頭、病のため急逝されたが、病床で氏より「原子力に関するリスクの考え方を広く世の中の人に考えてもらう本を書いてほしい」という遺言を託されたのが、氏の下で研究をしていた竹内純子氏だ。その本は一年後に『原発は〝安全〟か　たった一人の福島事故報告書』（小学館）として完成したが、そのあとがきで竹内氏が次のように書いている。

「このままでは日本は『戦略なき脱原発』に漂流していき、その結果責任を国民が負わされることになる」

亡くなる2日前に澤先生が遺された言葉です。

日本のあまりにも脆弱《ぜいじゃく》なエネルギー事情に危機感をもつ人たちは、澤氏よりももう一世代上により多い。子供のときに敗戦を見たあと、ボロボロになった日本が一歩一歩立ち直っていく過程の中で育ち、ようやく自分たちが社会に出たとき、どうにかして日本を一流の国にしようと頑張った世代だ。彼らの奮迅の努力で、日本は本当に世界で一流の国になった。そんな人たちの思いまでが、日本のマスコミにかかると悪徳となってしまう。

二〇一七年四月十九日、フランスの科学アカデミーは、「フランスは原発のシェアを減らしながら、発電部門からの温室効果ガスの排出を削減することはできない」と、はっきり述べた。社会党のオランド首相が、公約であった原発縮小を実行するため、二〇一六年に「緑の成長のためのエネルギー移行法」を通したが、今回の科学アカデミーの発表は、フランス議会でこの法律を制定したときの議論は不完全であったことを示したわけだ。

ドイツのメルケル政権は、福島事故のあと、原発の運命を科学者ではなく、主に聖職者や社会学者などで構成された倫理委員会に委ねた。そして、倫理委員会は予定どおり、原発に死刑を言い渡した。

ドイツの原発は、ドイツの科学者の誇りだった。それは科学者たちの何十年にもわたる緻密《ちみつ》な研究と、徹底したパーフェクショニズムの結晶といえた。メルケル政権は、地震も津波もないこの国で、科学者たちが世界でいちばん安全と自負していたその宝を切り捨てたのである。

しかも、それ以後、この決定に関する科学的な議論は封じられたままだ。そういう意味では、「原発ゼロ」のリスクについて、今もちゃんとした検証がおこなわれることのない日本の状況とよく似ているかもしれない。

日本の原子力技術も、やはり世界で最先端にいた。設計、建設から運転、整備まで、すべて自力でできる国は多くはない。

二〇一七年八月、「エネルギー問題に発言する会」のホームページに、元三菱重工の大野崇氏が次のように書いている。

「東電福島第一原子力発電所事故以降、原子力関係者は、事故原因を究明し、自然災害への備えや過酷事故への進展と拡大を防止する対策を強化し、（中略）安全確保への懸命な努力を続けてきている。ところがその内容は一般国民にはほとんど伝わっていないばかりか本当に安全は向上したのかと懐疑的な目で見られている」

今、原子力発電所の再稼働の前に立ちはだかるハードルは、誰も越えられないほど高くなっている。そして、エネルギーの安全保障に関しては、マスコミが国民を反原発に誘導し、民主党がそれに白昼堂々と乗っかったという構図が、今もなお、連綿と続いている。

このままでは、せっかく日本が培ってきた原子力の技術は遅かれ早かれ窒息してしまうだろう。本当にそれでよいのか？　澤氏の警句、「このままでは日本は『戦略なき脱原発』に漂流していき、その結果責任を国民が負わされることになる」が、現実として目の前に迫っているのに、いまだに誰も火中の栗を拾おうとはしない。

私たちは、電気の重要さをあまりにも軽視しすぎていないだろうか。

もしも突然、電気が止まったら……

ある夕方、ドイツのマンハイム市の近くの靴の量販店で買い物をしていたら、突然、停電になった。壁一面がすべてガラス張りだったため、店内が真っ暗になったわけではない。ただ、レジは一瞬にして機能しなくなり、並んでいたお客と店員は途方に暮れた。

さて、どうしようかと考えているあいだに、数人の店員がさっと出入り口に立った。万引き防止のゲートも機能しないからだ。そうするうちに刻々と日が落ち、店内はあっという間にだだっ広いお化け屋敷のようになった。

この付近はアウトレット地区で、広い道路に沿って量販店や大型の外食店が並んでいる。外を見ると、すべての店で灯りが消え、なんと、信号まで真っ黒だった。今どき広域停電というと、まず、テロを思う。

二十分ほど待ったが、結局、事情がわからないまま店を出た。駐車場から道路に出た途端、信号が点いていないので結構危ないということがわかった。しかし、警官が出動する気配はなく、皆が自己責任で運転していた。

翌日、調べたら、電力会社のホームページには、いつものごとく何も書かれておらず、地元の新聞のオンライン版に小さく、「変圧器の火災で停電」と出た。しかも、「消防のおかげで速やかに復旧」と、まるで手柄話のような記事である。

さて、それからしばらくして日本に帰り、『サバイバル・ファミリー』という映画を見た。邦画で、停電の話だ。

ある日突然、電気も電池も機能しなくなり、現代社会はもろくも崩れる。人はまもなく、水と火と食料という究極のライフラインを確保するために全力を尽くさなければならなくなる。映画では、ある一家が生き延びるために東京から鹿児島へと向かうのだが、江戸時代に薩摩藩が一年おきにやっていたその移動が、現代人にはなかなかできない。映画では、その困難な旅が、ときに深刻に、ときにユーモラスに描かれている。

ストーリーは一見、嘘っぽいが、多くは、停電になったら実際に起こることばかりのようで、よく考えると妙にリアルで、怖かった。

北海道の電気が危ない

電気が無くなれば、都会では死屍累々《ししるいるい》になるなあと思いながら映画を見ているうちに、その数日前に行った北海道の光景が目に浮かんだ。北海道では電気の供給が逼迫《ひっぱく》しているという。

北海道の電気は、福島の事故までは、原発で四四パーセントをまかなっていた。北海道の原発といえば、積丹《しゃこたん》半島の裾の所の泊《とまり》原発。東日本大震災の影響を受けなかったので、その翌年のゴールデンウィークまで稼働した。つまり、最後まで頑張った原発だ。

しかし、ゴールデンウィークに定期点検のために停めたあと、動かせなくなった。福島の事故のあと、安全基準が変わったからだ。

以後、北海道電力では石炭と石油を買い増しして、火力をフル回転させているそうだが、原発分であった四四パーセントが欠落しているのだから、状況はカツカツだ。寒冷地なので、冬場が特に危ない。せっかくの太陽光発電も雪空の下では役に立たない。結局、北海道電力では原発を止めて以来、燃料の買い増し分だけで年間一千~二千億円が余計に出ていく勘定だという。

このような状況を打破するため、一刻も早く新しい安全基準を満たして原発を稼働させようと、今、安全強化が懸命に進められている。

巨大津波が来ても大丈夫なように十六・五メートルの防潮堤を作り、建屋の入口には水密扉が設けられた。全長二キロメートルを超える防火帯も、緊急時に本部となるはずの頑健な建物もできた。

電源は何重にも確保し、核燃料棒を冷却する大切な水の供給も、地下や高台に多重の構えとなっている。水素爆発を防ぐ装置もあれば、万が一、建屋が損傷した場合、その箇所に水を直撃させて放射性物質の拡散を防ぐ放水砲もある。

ほかにもたくさんあって書ききれないが、問題はこの費用だ。

北海道電力の発表では、二〇一一年度から一八年度の八年間で安全対策に投じる経費は二千～二千五百億円。安全対策費用と、炊き増し分の燃料代を足せばすごい出費になっているが、今のところ、やってもやっても安全基準がどんどん厳しくなり、先が見えない。

しかも、これは泊原発に限らず、再稼動を目指すあらゆる原発で起こっている。さらに言うなら、問題は費用だけではなく、日本のエネルギー安全保障にかかわってくる。

石油やガスが来なくなったら、日本は一気に『サバイバル・ファミリー』の世界だ。なにしろ、現在、石油の備蓄は二百十日分、LNG（液化天然ガス）は貯蔵が難しいので二週間分しかない。

しかも、これらは皆、年々不穏になりつつある海域を通ってくる。ホルムズ海峡は各国の海軍と海賊がしょっちゅう小競《こぜ》り合いをしているし、南シナ海はしだいに中国の領海になりつつある。何らかの理由で輸入が滞れば、日本はあっという間に機能しなくなる。いや、急激に値上げされただけでも、日本経済は重篤な危機に陥るだろう。

再エネは、まだ、産業国の電気需要を支えられるほど進化していないので、いくら増えても火力発電所は手放せないということはすでに書いた。現在、日本の発電は、九割近くを火力に頼っている。原発があれば、余計な出費もCO_2の増加もなかった。震災の被害を受けなかった原発の安全強化は、稼働しながらでもできたのではないかと、今さらながら強く思う。

北海道経済への致命的影響

泊原発に話を戻せば、ここでは努力の甲斐あって、まもなく審査合格、再稼動も近いかと思われていた。ところが、突然、問題が持ち上がった。原発の近隣の海岸の地形が、新潟の佐渡島の小木半島、および青森県大戸瀬周辺に似ているというのである。

この両者は、地震の隆起で出来た地形であることがわかっており、もし泊も同じようならば、原発の近辺に活断層があるかもしれず、安全対策の大幅な見直しが必要となる。

同じではないという「事実」を証明することが本当に可能なのかどうかは疑問だが、いずれにしても北海道電力は全力でそれに取り組んでいた。ところが二〇一七年三月十日、規制委員会は北海道電力の提出したデータを認めなかった。

ちなみに、北陸電力の志賀原発も、同社の敷地内にある断層の検証にずっと尽力している。しかしこちらも、規制委員会に待ったをかけられたまま、六年が過ぎた。

そもそも志賀原発は、十分と思える地質調査をし、通産省や原子力安全委員会がそれを直接確認し、「耐震安全性上問題なし」というお墨付きをもらって建設されたものだ。ところが震災後、突然、旧原子力安全・保安院から、「以前におこなった掘削調査のスケッチ図が活断層のように見える」と指摘され、大変なことになった。問題の部分はすでになく、その上には発電所が建っている。

私は現場を実際に見たのだが、北陸電力はその後、敷地のほかの部分をあちこち膨大な時間とお金をかけて掘り返し、できる限りの追加調査をしてきた。しかし、問題になっている肝心要の地層部分が残っていないため、規制委員会はオーケーを出さない。

それにしても、十万年のあいだ眠っていた断層が活断層であり、明日動き出すかもしれないから原発を稼働させないというのは、少し思考のバランスを欠いているのではないか。そもそも福島第一原発の事故は、地震によるものではなかった。

原発が止まって以来、採算の取れなくなった多くの各電力会社は値上げをおこなっている。北陸電力は、なんとか今まで値上げせずに頑張ってきたが、もう限界だという。北海道電力も同じで、電気代の値上げは、そうでなくても脆弱な北海道経済をさらに悪化させるだろう。

北海道は、面積は日本全体の二割を占めるものの、人口は四パーセントで、総生産は二パーセントに満たない。産業は農業や漁業など第一次産業が多く、最近は観光が増えているとはいえ、稼ぎ頭《かしら》の製造業が伸びない。そこへ、高い電気代が覆《おお》い被《かぶ》さってきては致命的ではないか。

そうでなくても、北海道の土地や不動産は、中国の資本によってすごい勢いで買い占められているのだ。

このままズルズルと原発再稼働を引き延ばしていると、土地も森林も水源も人手に渡る。北海道ならではの資源を使った殖産興業のチャンスも逃げてしまう。福島第一原発の事故から、もう六年が過ぎた。あの過《あやま》ちを繰り返さないための安全対策は確かに進んでいると、現場を見て感じた。

今、私たちに与えられた課題は、過去の反省を無駄にせず、しっかりと、再び前に向かって進み始めることではないか。

第 六 章

日本が原子力を選択した日

石油の供給を絶たれてしまったら……

百万キロワットの発電所を一年間運転するために必要な燃料は、石炭なら二百三十五万トン、石油なら百五十五万トン、LNG（液化天然ガス）なら九十五万トンだそうだ。ところが、濃縮ウランならば、それが二十一トンで済む。二十一万トンではない。たったの二十一トンだ。

日本にはエネルギー資源がほとんどない。石炭は、掘って採算の合うところは、すでに掘り尽くしてしまった。だから、石油も、石炭も、天然ガスも、そしてウランも、ことごとく海外からの輸入に頼っている。膨大な量の資源を、日本は輸入しているわけだ。

前述のとおり、現在、日本の石油の備蓄は二百十日分、天然ガスに至っては、わずか二週間分である。原油や天然ガスがどこの国から、どんなルートを通って来ているかを考えれば、この備蓄量は安全保障上、綱渡りに等しい。何らかの理由で輸入が滞れば、日本は半年で機能しなくなる。日本が第二次世界大戦に突入せざるを得なかったのは、石油を断たれたからだった。

では、日本が資源切れで機能しなくなったら、また戦争？　それはあり得ない。だったら一気に「お爺さんは山へ芝刈りに、お婆さんは川へ洗濯に」の世界に戻れるか。いや、それも……。

我々が呆然としているあいだに、中国、ロシア、アメリカといったタフな国々が、競うように進駐してくる可能性はかなり高い。日本には、高度な技術や優秀な人的資源など、他国が欲しいものが詰まっている。そうなったとき、私たちは抵抗せず、従属の道を歩むのだろうか。

それにしても、エネルギー調達における危険がここまでリアルに想像できるというのに、それに対する具体策を何も考えないというのはおかしくないか。

原子力は、その燃料であるウランが比較的長期的に備蓄できるので、安全保障上の安心感はだいぶ違ってくる。そのうえに、もし高速増殖炉が機能すれば、発電しても燃料は減らず、増殖していく。資源のない日本にとっては、理想的な技術だったはずだ。

しかし残念ながら、高速増殖技術の研究炉「もんじゅ」は、二〇一六年末に廃炉が決まった。度重なる事故や、新たな地震対策費や維持費を勘案すると再稼働を断念せざるを得ないということのようだが、この判断は、はたして妥当だったのか。そもそも、研究炉というのは研究のために実験するものだ。失敗が許されないなら、実験はできない。第三章で触れた「むつ」も、失敗がいっさい許されない実験炉だったため、結局、研究自体が窒息してしまった。

もんじゅが夢の原子炉と言われたゆえん

月刊『WiLL』の二〇一六年三月号で、外交評論家の金子熊夫氏、ジャーナリストの櫻井よしこ両氏との鼎談《ていだん》記事の中で、北海道大学大学院の奈良林直教授はこう語っている。もんじゅは「使用済み核燃料からプルトニウムとウランを抽出して再利用しますので、新たな燃料なしで二千五百年間、エネルギーを供給できる潜在的な能力を有する、資源小国の日本にとってはまさに『夢の原子炉』です」と。

高速増殖炉というのは、ウランが再生可能エネルギーに変貌する。つまり、発電しながら消費した以上の燃料を作れる原子炉だ。

中性子が、分裂性をもった原子核に当たると、原子核が割れてエネルギーが出る。これが原子力エネルギーだが、分裂する原子は、面白いことに、皆、質量が奇数だ。ウランならば、ウラン235は分裂するが、ウラン238は、いくら中性子が当たっても分裂は起きない。なぜだかはわからない。

ところが、中性子が普通よりも高速で飛ぶ高速増殖炉では、分裂しにくいはずのウラン238までが効率的に反応し、そのうえ、そこから新たにプルトニウム239という原子が生まれる。つまり、消費した燃料よりも多くの燃料を生み出すため、まさしく燃料が増殖するということになる。

奈良林教授は、これにより新たな燃料なしで二千五百年も発電が可能だと言っているわけだが、何もそんなに頑張らなくてもよい。この百年ほどを切り抜ければ、そのうち次世代の新エネルギーが完成する可能性も見えてくるだろう。あるいは、大容量の蓄電技術や電流の変換技術が向上し、本当の意味で太陽光や風力が電力として使えるようになる時代が来るかもしれない。

今さら言っても遅いのだが、「もんじゅ」の効用はほかにもたくさんあった。たとえば、燃焼したあとのいわゆるゴミに中性子を当てて、さらに燃やしてしまえば、現在問題になっている高レベル放射性廃棄物の量も七分の一まで減らすことができた。

そんなわけで、研究が中断されたことは非常に残念だったが、しかし、政府は当面の「増殖」はあきらめても、「原子燃料サイクル」の研究は維持する方針だ。資源の自給自足には、国の命運がかかっていると言っても過言ではない。

原子燃料サイクルのしくみ

さて、その「原子燃料サイクル」というのは、いったいどんなものなのか。

二〇一五年十月、青森県の六ヶ所村を訪ねた。いかにも日本の田舎といったのどかな風景だ。広々とした大地に晩秋の陽光が淡く差す。この人口一万人余りの小さな村に、日本原燃の「原子燃料サイクル施設」がある。

原子力エネルギーの燃料は、言うまでもなくウランだ。ウラン鉱山はオーストラリアやカナダ、アフリカにある。ウランの原石を精錬工場で精錬して不純物を取り除いたものが、俗にイエローケーキと言われる物質（U３０８・八酸化三ウラン）。日経新聞を見ると、イエローケーキはトン当たりいくらと値段がついて取引されているのがわかる。

ウランは石炭のように、天然のものをそのまま炉にくべれば済むというものではない。原子力発電所で使う燃料にするためには、いくつかの複雑な工程を経る必要がある。

まず初めに転換工場で、イエローケーキを六フッ化ウラン（常温では気体）に変える。精錬工場や転換工場は、たいてい鉱山の近くにある。

六フッ化ウランにおけるウラン235（核分裂するウラン）の含有率は、天然ウランと同じくたったの〇・七パーセントと低い。これでは燃料に加工しても、発電に足るだけの核分裂が起こらないので、その気体を遠心分離機にかけて濃縮し、濃度を三パーセントから四パーセントに上げなければならない。

日本の電力会社の場合、すでに海外で濃縮済みのものを輸入しているところもあれば、国内で濃縮しているところもある。いずれも、鋼鉄製の頑丈な専用シリンダーに詰めてコンテナ船で運ばれてくるのだが、この段階では、六フッ化ウランは高度な放射能を発しているわけではない。

濃縮済みの六フッ化ウラン（気体）は、次に再転換工場に運ばれる。再転換工場では、濃縮六フッ化ウランを二酸化ウランに加工する。最初の転換工場で、イエローケーキが六フッ化ウランに転換されたが、この再転換工場では、濃縮済みの六フッ化ウランが、粉末状の二酸化ウランに戻る。日本で再転換工場があるのは茨城県東海村の三菱原子燃料工業の東海工場などだ。

こうして出来た二酸化ウランの粉末は、次に成形加工工場でペレット状に焼き固められる。ペレットというのは、直径一センチ、長さ一センチほどの小さな円筒形のチップだ。これ一個で、一家族の八カ月分の電気が出来るという。

このペレット三百個余りを、ジルコニウムなどからできた細い棒状の容器（被覆管）に詰め、きっちりと栓をすると、ようやく長さ四メートルあまりの核燃料棒が完成する。原子力発電の燃料である。

この核燃料棒を束ねたものを燃料集合体という。これを、沸騰水型炉の場合、数百本組み合わせて、原子力発電所の炉心に取り付ける。このあと制御棒を抜いて中性子を当てると核分裂が起こり、発電が始まる。

「トイレのないマンション」問題を解決

発電を終え、三～四年で使用済みとなった燃料は、全体の四分の一から三分の一ぐらいずつ取り出して、数年間、原発内のプールで冷却する。冷えた燃料を他の場所に移すときには、キャスクという厳重な容器に詰め替える。

ちなみに、発電前の濃縮燃料の成分は、ウラン235の割合が四パーセントで、あとは核分裂しないウランだったが、燃焼のあとはその割合が変化する。ウラン235が約一パーセントに減り、約一パーセントのプルトニウムが誕生し、高レベルの核廃棄物が三〜五パーセント。核分裂しないウラン（ウラン238など）の割合は九三〜九五パーセントと、発電前とさほど変わらない。

燃料サイクルをおこなわなければ、原子力発電の工程はここで終わりだ。使用済み核燃料棒は丸ごとキャスクに入れられて、最終的な行き場が決まらないうちは、発電所のお荷物となる。「トイレのないマンション」などと言われるゆえんだ。

しかし、燃料サイクルが軌道に乗れば、話は変わってくる。つまり、ここからが燃料サイクルの醍醐味《だいごみ》である。

燃料サイクルにおいては、使用済み核燃料棒の終着駅は最終貯蔵所ではない。燃料棒の入ったキャスクは再処理工場に運ばれて、そこで使用済み核燃料に含まれている物質を分離し、最終的にウランとプルトニウムを粉末として取り出す。その粉末は、次の燃料として使うことができる。六ヶ所村の原子燃料サイクル施設に、この再処理工場がある。

同施設では、濃縮、埋設、廃棄物管理がすでに稼動しているが、再処理、MOX燃料加工が遅れている。現在、震災後に厳しくなった規制に合わせて調整中で、二〇一八年度上期には完成の予定だ。

再処理の過程をもう少し詳しく書きたい。

まず、十分に冷却され、放射能が弱まった使用済み燃料を被覆管ごと三〜四センチの長さに細切れにして、それを沸騰硝酸に漬ける。すると、ウランやプルトニウムなどは溶けるので、被覆部分の金属など、その他の溶けなかった物を取り出し、特別なゴミとして処理する（TRU廃棄物）。

あとに残ったのは強酸性の溶液で、ウランとプルトニウムとその他雑多なゴミが溶けているが、そこにある種の油を加えて、ウランとプルトニウムを回収する。それにさらに酸を加えると、今度は、ウランとプルトニウムを分離させることができる。

一生使用して乾電池一個分の廃棄物

こうしてウラン、プルトニウムといった再利用できるものを取り出せば、残るのは高レベル廃棄物だが、これだけは使い道がないため、ガラスに混ぜて固めてしまう。その量は、前述のように、使用済み燃料全体のわずか三～五パーセントだ。これを一人当たりの量に換算すると、一生のあいだ原発の電気を使ったとしても、単一乾電池一個分ほどだそうだ。百万キロワット級の原発が一年間稼働した際に発生する高レベル廃棄物の量は、ガラス固化体にして二十本。固化体の大きさは高さが一・三二メートル、直径四十センチである。

ガラスの安定度に関しては、エジプト時代のガラス製品が今も残っていることをみれば心配の余地はない。また万が一割れても、放射性物質が浸《し》み出すこともない。六ヶ所村で苦労に苦労を重ね、日本の最高技術を駆使して製造したこのガラス固化体は、世界一の品質といっても過言ではないという。

以前、こういうことをいっさい知らなかったとき、原子力発電の一番のネックは核廃棄物で、良い解決法はないのだと信じていた。実際、今でもそれが多くの人々の心配の種だ。

ところが、北海道の幌延《ほろのべ》深地層研究センターを見学して以来、私は自分の考えを改めた。稚内《わっかない》空港から幌延に続く国道は、広大な平原の中を走っている。交通量は極端に少ない。ときに針葉樹の森があるが、あとは見渡す限りの荒野が続く。走っても走っても、家が見えない。私は一瞬、北ドイツの平原を走っているような錯覚に陥った。道路の先をキタキツネが横切った。

そんな雄大な大地の真ん中に、日本原子力研究開発機構の幌延深地層研究センターがある。そしてここでは、地下三五〇メートルの所に坑道を作り、放射能を絶対に漏らすことなく安全に保管するための、徹底した調査と研究がおこなわれている。この施設で見聞きすることは、おそらくほとんどの人の考えがくつがえるのではないかと思うほどの迫力だ。要は、ガラス固化体を人間が生活する場所から隔離しておくことだが、それが可能だということがよくわかる。

幌延では研究をおこなっているだけで、本当の核廃棄物は存在しない。本物があるのは六ヶ所村の貯蔵センターだ。ステンレス製のキャニスターに入ったガラス固化体が、地下の、厚いコンクリート製の貯蔵ピットに保管されている。保管場所の上は、人間が歩いてももちろんいっさい危険はない。実際、この高レベル廃棄物の保管場所の上を、防御服も着ずに人が歩いているのを見たときには、なんだか拍子抜けしてしまった。

ちなみに、六ヶ所村には低レベル廃棄物の埋設センターもある。作業服のクリーニング廃液を煮詰めて取り出した放射性物質や、軽度に汚染されたものを燃やした灰や土をドラム缶に詰め、広大な敷地を掘り下げて設けられた多数のコンクリートピットの中に収容し、土をかぶせて隔離する。現在約二十八万本が収められており、最終的には三百万本の収容を見込んでいる。

原爆など作れない監視システム

さて、前述のウランとプルトニウムの粉末だが、じつは日本では、純粋なプルトニウムの粉末は作っていない。なぜか？　純粋なプルトニウムなど持っていると、原爆を作るのではないかと疑われる恐れがあるからだ。瓜田《かでん》に履《くつ》を納《い》れず、李下《りか》に冠《かんむり》を正さずで、誤解を招くようなことはしない。しかも、国内でおこなわれているあらゆる原子力の平和利用に対する、厳しい国際査察・監視も受入れている。

六ヶ所村では、プルトニウムにはウランを同量混ぜて、ウラン・プルトニウムの混合粉末として取り出すが、その工程を二十四時間ビデオが監視しており、またＩＡＥＡの職員二名も張り付いて見張っている。ＩＡＥＡも日本の潔白の証明のため努力をしており、なんとＩＡＥＡの予算と労力の三分の一を日本の監視のために費やしているという。つまり、グレーゾーンはいっさいない。原子爆弾など、作りたくても作れない。大量の核兵器を作り、世界を不安に陥れている国があるとすれば、それは絶対に日本ではない。

ここまでしても、それでも核燃料リサイクルには反対者が多い。再処理は危険な技術であるとか、プルトニウムを盗まれたらどうするのだとか。中国も、日本が原子爆弾を作ろうとしているなどとあちこちで言いふらすが、少なくとも六ヶ所村にあるプルトニウムは純度が低く、原子爆弾にはできない。中国も、それは知っているはずだ。

ただ、なぜ、日本がここまで気を使って、プルトニウムを白日に曝《さら》け出すようにして持っているかというと、それには理由がある。現在世界の百九十カ国が加盟している核不拡散条約（NPT）、および日米原子力協定という二つの取り決めが深く関係しているのだ。

核不拡散条約は、一九六八年、核軍縮を目的に国連で調印された。文字どおり、核兵器の拡散を防ぐ条約で、これにより、世界の国々を「核兵器国」と「非核兵器国」の二種類に分けたという面妖な条約でもある。

「核兵器国」とは一九六六年末までにすでに核を持っていたアメリカ、ソ連（当時）、イギリス、フランス、中国の五カ国。簡単に言えば、世界でこの五カ国だけが核兵器を保有してもよいことになっている。当然のことながら、それ以外の加盟国が「非核兵器国」だ。非核兵器国は、核兵器の製造、取得が永久に禁止されているだけではなく、発電など原子力の平和利用に関しても、IAEAによる保障措置を受け入れることが義務付けられている。

東京オリンピックの最中に核実験をした中国

外務省のホームページによると、核兵器国の定義は、「一九六七年一月一日以前に核兵器を製造し、爆発させた国」となっている。そこで中国は一九六四年十月に、大慌てで核実験をおこなった。

一九六四年十月、折しも日本人は東京オリンピックに夢中になっていた。当然のことながら、大きな抗議もなく、中国は実験を終え、ぎりぎりで、「核兵器国」の仲間に滑《すべ》り込んだわけである。

子供のころ、「黒い雨」という言葉を聞いたことを思い出す。「今日は、雨に当たるとハゲになる」などとも言われた。日本人は、中国の核実験のたびに、放射性物質が日本に飛んで来ていることをもちろん知っていた。しかもこれはほぼ十年間続き、飛来した放射性物質の量は、けっして軽微なものではなかった。

ただ、中国は「核兵器国」としての権利を手にしたとはいえ、NPTに加盟したのはその三十年近くあと、一九九二年のことだ。それまでのあいだに十分核兵器を溜め込み、ついでにパキスタンの無謀な核開発も助けた。ちなみに、パキスタンは条約が不平等であるとしてNPTには加盟せず、今では立派な核保有国だ。そして、中国とともにミサイルの照準をインドに定めている。

中国とパキスタンに狙われているインドが、もちろん、あっさりと核の保有を諦めるはずもない。こちらもNPTには加盟せず、やはり核を保有している。

イスラエルはというと、核を持っていることを肯定も否定もしないが、やはり未加盟国であるので、好きに核兵器を持てるし、持っていることは間違いない。北朝鮮は加盟国であったが、IAEAの査察が鬱陶《うっとう》しくなり、脱退してしまった。そして、日進月歩の勢いで核兵器を開発した。誰が手を貸したかについては諸説ある。

いずれにしても、おそらく世界中で、今の北朝鮮ほど核の恩恵を被（こうむ）っている国はない。まさかの核を持ったがために、世界の視線がこの貧乏な国に集中する。核兵器さえ無ければ、誰も夢にも金正恩を脅威と思うことはなかっただろう。そして、その予想不能とも言える脅威に、今、いちばん晒《さら》されているのが、NPTを忠実に守っている韓国と日本だ。

核武装断念と引き替えに与えられた「核の傘」

NPT締結の経緯については、前述の金子熊夫氏が詳しい。氏は、交渉の始まった一九六〇年代初頭、外務省条約局に勤務しており、外交官としてNPT作成交渉に携わった。その後、六〇年代後半になると、ジュネーブの国連局でNPT署名問題を担当した。氏の話には、NPTをめぐる当時の緊迫した交渉の様子が滲《にじ》み出る。

中国の核兵器開発は、当然のことながら、日本に安全保障上の大きな不安を与えた。しかも、開発がさらに進むことは想定済みで、その脅威を軽減するための対抗策として、日本も核武装で防衛すべきだという意見が、官民双方のあいだで広まった。

当時の佐藤内閣は、日本の核武装を真剣に考えはじめていた。だからこそ、日本は一九六八年の時点では、NPT条約に署名をしていない。将来、核武装をするなら、NPTに加盟して「非核兵器国」になるわけにはいかなかった。

「非核兵器国」になりたくない国は、ほかにもあった。たとえば、韓国、スウェーデン、もちろんインドも。また、オーストラリアは、ウランの生産地であるというメリットを利用しようとした。これらの国々に対して、「核兵器国」であるアメリカ、フランス、イギリスは、限りない妨害工作を施した。

さて、このころヨーロッパはどうなっていたか？　じつは、冷戦下の西ヨーロッパでも似たようなことが起こっていた。

元々は、「米軍を引っ張り込み、ロシアを締め出し、ドイツを押さえ込むため」（ヘイスティンブス・イスメイNATO初代事務総長）に作られたNATOであったが、西側ヨーロッパ諸国の脅威はまもなくドイツではなく、ソ連の核兵器となった。そこでNATOは方針を変え、核兵器どころか、通常の武装もしてはいけないはずだった西ドイツを仲間とし、冷戦の最前線に据《す》えたのである。一九五〇年代から八〇年代まで、膨大な数の核兵器が西ドイツに運ばれたいた。（今もある）。冷戦は三十年間、ドイツを軸に危険なバランスを保ったまま、ソ連の崩壊まで続いた。

国防を人任せにして戦争反対を叫ぶ矛盾の始まり

同じ敗戦国といえども、西ドイツと日本に対するアメリカの扱いはずいぶん違っていたのはなぜか？

アメリカは、日本に二度も原爆を落としている。その日本が原爆を持つという想像は、アメリカにとって悪夢であったのだろうか。いずれにしても、日本は核による国防というオプションを思案した途端に多大の困難を突きつけられ、核兵器どころか、原子力発電のための燃料を入手することさえ不可能になりそうだった。

当時の日本は、経済成長の道を一直線に突き進んでいた。電気はいくらあっても足りない。原子力発電を棒に振るわけにはいかない。

しかし、アメリカにエネルギーの首根っこを抑えられ、王手を掛けられる光景は、第二次世界大戦前夜と何も変わっていなかった。このころ、各電力会社は、日本がいかに資源の輸入に依存しているかということを、肌身で感じていたはずだ。しかし、国民はそんな事情は意に介さず、反核や反原発を叫んでいた。まさに、現在の状況に酷似している。

結局アメリカは、日本を自らの「核の傘」で守ることを約束し、事態の収束を図った。相手に核攻撃をさせないためには、こちらも核を持つしか効果的な方法がない。日本も当然、その抑止力を必要としている。そこで、自らの核の傘を日本にも被《かぶ》せることにしたのである。

これを受けて、佐藤内閣の下で「非核三原則」が決まる。「核兵器を持たず、作らず、持ち込ませず」である。原爆の被災国日本のスタンスとしては良いものであったかもしれないが、これこそが、その後、国防を人任せにして戦争反対を叫ぶという矛盾した空気が正当性をもつ端緒になった。

いずれにしても一九七〇年、ようやく日本はNPTに署名した。大阪では万博が開かれ、「こんにちは、こんにちは、世界の国から」と、皆が歌っていた。批准は一九七六年である。

金子氏によれば、日本のNPT加盟は、「極めて難しい政策判断の結果であり、まさに苦渋の選択」であった。「けっして被爆国であるからとか、憲法九条や原子力基本法で軍事利用を禁じられているからとか、まして平和国家としてのイメージに合うからといったような、理想主義的な動機だけで、諸手《もろて》を挙げて加盟したのではなかった」のである。

言い換えれば、当時の日本は、まだ危機を感じる触覚がちゃんと働いていたといえる。しかし今の私たちは、他国の核の照準が日本に向いていても気にもかけない。気にかけずにいられるのはアメリカの「核の傘」のおかげだということも考えない。ひたすら自分たちの平和主義にうっとりとしている。

オバマ大統領の核軍縮への決意はどこへ？

NPTによれば、核保有国は「誠実に核軍縮交渉をおこなう義務」も有する。

では、核保有国五カ国が条約に明記されているとおり、「誠実に核軍縮」をおこなっているか？

もちろん、ノーだ。

二〇〇八年、バラク・オバマ氏が大統領になった。アメリカ建国以来、初の黒人大統領だ。一九六四年、東京オリンピックが華々しく開催されていたころ、アメリカの黒人はまだ参政権すらなかった。それを思えば、黒人大統領というのは、まぎれもなく歴史的な出来事だった。

その大統領が「チェンジ！」と叫んだのだから、アメリカ合衆国に新風を吹き込むのには十分なインパクトがあったが、就任後まもなくの二〇〇九年四月、彼は、世界の多くの人々をさらに大きな感動の渦に巻き込んだ。チェコを訪問した際の、「核廃絶を世界に呼びかけた演説」である。

その中身は、英語、邦訳ともネットで読むことができるが、要はアメリカが、核廃絶への先頭に立つということを宣言したものだ。

二十世紀に自由を求めて共に戦ったように、二十一世紀には、恐怖のない生活を世界中の人々が送る権利を求めて、我々は共に戦わねばならない。そして核保有国として——核兵器を使用したことのある唯一の核保有国として——、合衆国には行動する道義的責任がある。我々は単独ではこの取り組みを成し遂げられないが、それを主導し、開始することはできる。

故に私は本日、信念を持って表明する。米国は、核兵器のない世界の平和と安全を追求するのだと。私は、甘い考えを持ってはいない。この目標は、直ちに達成される訳ではない——恐らく、私の生きている間は無理であろう。この目標を達成するには、根気と忍耐が必要である。だが我々は今、世界は変わり得ないという声を気にしてはならない。『我々はできる（Yes, we can）』と主張せねばならないのである。

オバマ氏の演説は、つねに感動的だ。このチェコでの演説も高く評価され、その半年後、彼はノーベル平和賞を受賞する。過去のノーベル平和賞の受賞者を見ると、マザー・テレサは実際に自らの手で多くの人々を癒し、中国の劉暁波《りゅうぎょうは》は命を代償にした。物理や医学など他の分野に至っては、たとえ大きな成果があったとしてもノーベル賞にはなかなか手が届かない。それに比してオバマ氏は、ただ理想を述べただけでノーベル賞をもらった唯一の受賞者である。

その後、オバマ政権下八年間の世界の核をめぐる発展は、悲しいものだった。二〇一〇年、アメリカとロシアは戦略核弾頭の配備数を制限する新戦略兵器削減条約を結び、同条約は翌一一年二月に発効したが、それがどうだと言うのだろう。千個ある核がたとえ百個に削減されても、威嚇《いかく》という意味では、それほどの差はない。核兵器というものは、精巧なものが数個あれば、相手を抑止するという目的はほぼ達せられる。

つまり、新戦略兵器削減条約は、両国の軍事費削減には役立ったかもしれないが、核廃絶には一歩も近づかなかった。これを両核兵器大国が何らかの成果のように扱ってお茶を濁したのは、欺瞞《ぎまん》としか言いようがない。

しかも実際には、それ以降も核実験は止まず、すでに多くの国が核兵器を持っている。私たちの目に見えない所で、核の機密や核物質そのものが行き交ってもいることだろう。北朝鮮が核を持っているのがその証拠だ。核がテロリストの手に渡ることも、同じく現実的な脅威となっている。オバマ前大統領は今、どんな気持ちでノーベル平和賞の受賞を思い返しているだろう。

核拡散防止条約の矛盾が電波に乗って拡散された日

二〇一二年三月、ZDF（第二ドイツテレビ）が、イランのアハマディネジャド大統領（当時）の単独インタビューに成功した。イランが原発を作っているのではないかという疑いが大いに沸騰していたころの話だ。

インタビュアーは精鋭ドイツ人ジャーナリスト、クラウス・クレーバー氏。インタビューを申し込んで二年待たされ、ようやく実現したものだそうだ。彼にしてみれば用意周到。世間をあっと言わせるインタビューにするつもりであったろう。しかし最終的に、このインタビューは、NPTの矛盾をはっきりと浮き彫りにする結果となった。

まずクレーバー氏は、「なぜ、二年間拒否していたインタビューを、今、突然受け入れたか」という質問で始めた。しかしアハマディネジャドは、「今、沸騰している問題に対して、我が国の見解を申し上げたいので」などとは答えてくれなかった。その代わりに、「神の名において」とおもむろに切り出したかと思うと、インタビューを聴くすべての人に丁寧な挨拶を述べた。そして最後に、「あなたもご存じのように、時間を作ることはとても難しい。今日は、ようやくその願いがかなってとても嬉しい」と静かに言った。

クレーバー氏は仕切り直した。「今、世界中がこの地域に注目している。当地に戦争の可能性が出てきたからだ。それについて、今日、メッセージはおありか?」

半分目を閉じたアハマディネジャドは厳《おごそ》かに言った。

「どの国から戦争の可能性が出てきたのでしょう? そして、それはなぜ?」

不意を突かれたように、「あなたも知ってのとおり、イスラエルが貴国を威嚇している。核問題を解決する方法がほかになかったときの選択肢として」と説明しはじめたクレーバー氏は、こんなはずではなかったと思っているのが、ありありとわかった。イランが原爆を作っている可能性が高く、イスラエルが極端に神経質になっており、やられる前にやるというギリギリの緊迫した状況になっていることは、世界の誰もが知っているというのがクレーバー氏の認識だった。しかし、アハマディネジャド大統領にとって、それは敵の見解であり、周知の事実などではなかった。

「イスラエルはなぜ我々を威嚇しなければいけない?」とアハマディネジャド氏。

再び不意を突かれ、「貴国が今日まで核プログラムの詳細を公開することを拒否しているからだ」と答えるクレーバー氏。これではもう、どちらがインタビューしているのかわからない。

核問題の根本を衝いたイラン大統領

アハマディネジャド大統領の質問は続いた。

「では、シオニスト（イスラエル人のこと）たちは、彼らの核プログラムを公開しているのだろうか？　彼らは核弾頭を二百五十発持っているらしい。違うか?」

インタビューが始まって五分も経たずして、すでにアハマディネジャド氏が主導権を握っていた。追い詰められたクレーバー氏、「イスラエルは、ＮＰＴの締結国ではない。だから、すべてを明らかにする必要はない。しかし、イランにはその義務がある」と答えたが、おそらくその時点で、罠《わな》にはまったことに気づいたはずだ。そこへ、すかさず切り込むアハマディネジャド氏。

「ということは、イスラエルはＮＰＴに加盟していないから好きなことができるということか？」

その質問に対してクレーバー氏は、「そのとおりだ」と答えた。

この一瞬、この会話を聞いていたすべての人の頭で、NPTの根本的な矛盾が明確に浮き彫りになった。クレーバー氏は「そのとおりだ」という言葉で、その矛盾を肯定したのである。

アハマディネジャド氏は、いつの間にかしっかりと目を見開き、滔々《とうとう》と演説していた。詭弁《きべん》と片づけることは簡単だが、その論理はけっして破綻していない。彼によれば、現在の緊張状態の真の原因は不平等なのだ。

「イランは一万年の歴史と文明を誇る平和な独立国だ。いったい誰がイラクを占領した？　アフガニスタンは？　ガザで争っているのは誰だ？　この緊張状態を作ったのはイランではない。なのに、なぜシオニストたちは我々を脅すことができるのだ？」

ユダヤロビーの強いアメリカはじめ、ホロコーストで大きな負い目のあるドイツが、イスラエルを不自然なまでに擁護してきたことは真実だ。

アハマディネジャド氏はさらに言った。

「なぜ、ヨーロッパはイランを敵視する？　世界には、シオニストは他の国を脅してもよいという不文律でもあるのか？」

このインタビューから二年後、イラン、アメリカ、ロシア、ドイツが、国連やIAEAを交えての熾烈《しれつ》な交渉を続け、結局、イランが核の平和的利用を認められ、制裁が解かれたことは周知のとおりだ。もちろん今も、イランのやっていることはグレーゾーンだとする見方は強い。トランプ政権となったアメリカでは、この合意を覆《くつがえ》すという声も上がっている。しかし、世界は、もうイランを前ほどは糾弾しない。目下のところEUも、合意を見直すことはないと表明している。イスラエルは、アメリカ、ドイツから受け続けていた無制限ともいえる援助が、指の間からさらさらとこぼれ落ちていくのを感じているはずだ。

プルトニウムが溜まりつづける日本

イランのことはさておいて、問題は日本の核の平和利用だ。現在の国際協定では、核燃料はもとより、資機材・技術の導入、使用済み核燃料の返還、ひいては、海外での原子力技術の協力や原発の輸出など、核に関するすべての取引のために、必ず事前に原子力協定を結ばなくてはならない。軍事への転用を防ぐのが、協定の大きな目的のひとつだ。日本もアメリカ、イギリス、フランス、カナダ、オーストラリア、中国、韓国など、多くの国と二国間の原子力協定を結んで、核の平和利用が可能になっている。

ただ、ここで重要なのは、日米原子力協定にだけは、日本にとっての特権が含まれていることだ。それは何かというと、再処理施設や濃縮。つまり日本は今のところ、プルトニウムを含む核燃料の製造が許可されている唯一のNPT加盟国なのだ。

プルトニウムを持てれば、理論上では原爆も作れる。だから、アメリカが日本に認めている
この特権は、ある意味、日米間の信頼関係を示していると言える。二〇一五年にやはりアメリ
カと新原子力協定を結んだ韓国は、アメリカの同盟国とはいえ、日本と同等の権利は認められ
ていない。

そのアメリカの、そして世界の信頼を裏切らないために、六ヶ所村では、使用済みの核燃料
を再処理する際に出てきたプルトニウムを、わざわざ不純にし、原爆が作れないようにしてい
ることはすでに述べた。同再処理工場に常駐しているＩＡＥＡの査察官も、太鼓判を押してい
る。このような例は日本以外、世界のどこにもない。これがうまく軌道に乗れば、日本は資源
貧国から脱却できる。なのにその重要性が、当の日本の政治家にも国民にもまったく理解され
ていない。これこそが、じつは一番の問題ではないか。

しかも、日本は現在、大きな問題に直面している。原発が軒並み停止しているため、プルト
ニウムを原料とする燃料を使えない。つまり、このままでは、原子爆弾など作れないほど薄め
たとはいえ、プルトニウムがどんどん溜まっていく。日本の目的は、プルトニウムを溜め込む
ことではなく、それを使って新しい燃料を作ることだが、現状では、もんじゅの研究も中止さ
れているし、使える見込みの定まらないプルトニウムの貯蔵ばかりが増えていく。日本を非難
しようという国にとっては格好の攻撃材料だ。

現に中国は、日本が密かに核兵器を作ろうとしているなどということを声高に主張している。

また、アメリカにも、「核物質をテロ組織に奪われる安全保障上のリスクがある。核拡散につながりかねず、他国への悪い前例となり、中国や韓国など周辺国との緊張感を高めることになる（カーネギー国際平和財団・ジェームズアクトン上級研究員）」（東京新聞二〇一七年年九月二十三日）などといって日本の足をすくおうとしている勢力があるが、日本政府は大した反論もしない。そして、もちろん日本の中にも、平和のため、あるいは環境や安全のために、原子力発電も燃料サイクルも、すべてやめたほうがよいと固く信じている人がたくさんいる。

しかし何度でも言うが、日本には資源がない。だからこそ燃料サイクルを国家の命運をかけて開発してきた。なのに、中国や一部のアメリカの勢力の主張が功を奏して、万が一、アメリカ側から与えられているこの特権を停止されるようなことになったらどうするのか。それこそこれまでの何十年もの研究も努力もすべて水の泡だ。無資源を有資源に変えるという夢は永久に絶たれてしまう。その結果、日本は明らかに弱体化するだろう。それを防ぐためにも、まずは日本国民が燃料リサイクルの必要性をしっかりと知り、おかしな濡《ぬ》れ衣《ぎぬ》を晴らす努力を根気よく続けなければならない。

日印原子力協定がもつ意味

日米原子力協定は、最初に結ばれたのが一九五五年。活動の現状に合わせて順次改定されていくので、今、生きているのは一九八八年に発効したものだ。三十年を期限として結ばれたので、二〇一八年で期限が切れるが、別にだからといって締結し直さなければならないものではない。そのまま何もなければ自動的に延期になると条文に明記されている。これをそのまま延長させることが日本政府の一番の責務だろう。

なお、原子力協定に触れたついでに、あまりにも間違った報道の多い「日印原子力協定」についても、一言書きたい。

日本とインドは、二〇一六年十一月十一日に原子力協定に署名した。そして、二〇一七年六月、協定は衆参両院で承認された。交渉開始から七年目のようやくの締結である。

インドでは、今ある原発はほとんどが自国製の小型原子炉（重水炉）なので、電気が圧倒的に不足している。その他の発電施設は石炭火力だから、多くの町で大気汚染が非常に深刻だ。しかもこの国には、まだ電気のない生活をしている人が三億人もいるという。

だから、原発は一基でも多く建てたい。そのために日本などの先進国から高性能の大型原子炉（軽水炉）を輸入したい。二〇一六年十二月の日印会談でも、モディ首相は、「原子力技術を持つあらゆる国と協力を深めたい」と言っていた。

インドは現在二十一基ある原発を、二〇三二年までに十倍以上に増やしたい意向で、日本の技術にも大いなる期待をかけている。日本には、日印間の原発ビジネスを、後進国インドをダシに日本が原発を売り込み、金儲けをしようとしているけしからん話のように言う人がいるが、これは間違いだ。インドはいわゆる後進国ではないし、そもそもこれは、インドが望むインフラ整備のプロジェクトだ。もちろん、受注できれば日本も儲かるが、それの何が悪いのか。どのみち原発を一基まるごと輸出などはあり得ないが、せめて他の国が受注したプロジェクトにでも参入できれば、これは皆の利益につながる。

核兵器と原発をごちゃまぜにするマスコミ

しかし、日本の多くのマスコミは、日印原子力協定を評価していない。朝日新聞によれば、「核不拡散に背《そむ》いた国に原発を売る愚は許されない（二〇一六年十一月三日付）」、毎日新聞は、「被爆国として日本が維持してきた道義は、この協定で傷ついたのではないだろうか」（翌十二日付）。日本が何か悪いことをしているような書きっぷりだ。

もちろん、私たちは世界唯一の被爆国として核兵器の廃絶を願っている。しかし、核兵器の廃絶と、核の平和利用であるインドの原子力発電とは、まったく別の次元の話だ。それに、いくら願っても、核廃絶の可能性など、今のところ皆無であることは、世界を見渡せば一目でわかる。

なのに、なぜこういう論調になるのか。二〇一七年九月、国連で核兵器禁止条約の署名式が華々しく繰り広げられたが、肝心の核兵器大国アメリカやロシアは条約に反対している。

朝日新聞の天声人語には、「福島原発の周辺では、今も五万人以上が避難を強いられており、廃炉作業は延々と続いている。そんな国がなぜ堂々と原子力技術を他国に供給できるのだろうか。理解に苦しむというほかはない。（二〇一六年十一月十二日付）」と、完全に問題のすり替えを図っている。

日本は福島第一原発が事故を起こしたから、金輪際《こんりんざい》、原子力の技術開発も、発電事業にも参加してはならないのだろうか。

さらに読み進むと、この「天声人語」氏は、インドの大気汚染と電力不足の解消に何の案も持っていない。「インドでは人口十三億人のうち三億人が電気のない生活を送る。原発以外で貢献する道はないのだろうか」でおしまい。まさに他人事なのである。

インドが二度目の核実験をしたのは、パキスタンが弾道ミサイルの発射実験をおこない、軍事的緊張が高まっていた一九九八年のことだった。実験はすべて地下でおこなわれた。そしてインドはそのあと核実験を凍結すると表明した。以後、本当にしていない。

日本とインドは同じ危機にさらされていた

インドは、今までずっと、毎年八月六日に国会で、広島、長崎の犠牲者の冥福を祈って黙祷を捧げているそうだ。日本以外でそんなことをしている国はない。

一九九八年、インドが二回目の核実験をおこなったとき、広島、長崎の被爆者や反核運動家たちが大挙してインドに行き、抗議活動を展開した。そのときインドは、「日本は自らは核兵器を持っていないが、アメリカの核の傘に守られている。インドはどの国の核の傘にも守られていないので、自分で守る以外にない。そのような日本が一方的にインドを非難する資格があるのか」と反論され、グーの音も出なかったという。

中国は、現在二百五十から三百発の核弾頭を持つと言われているが、彼らの仮想敵国の筆頭は、今も昔も、日本とインドだ。しかもインドは、隣のパキスタンの核にも脅かされている。ところが日本には、そういう経緯も国際情勢も、いっさい無視している人たちがいる。「中国が核を保有するのは、NPTで認められているから当然。NPTを拒否するインドは悪」という論理は、かなりピントが外れている。

勘違いの最大の原因は、日本人が中国の核を脅威と見なしていないからだろう。だから、インドが中国の核に脅威を覚えていることがわからない。北朝鮮の核すら、多くの日本人は、脅威とは見なしていない可能性がある。これでは国防はできない。

いずれにしても、皆がNPTに加盟すれば核が無くなるというのは、間違った認識だ。インドの原子力技術の研究は進んでおり、高速増殖炉の開発も進めているし、核燃料サイクルの研究にも余念がない。地震大国、資源貧国の問題打開のため、せっかく開発した「もんじゅ」という最高のテクノロジーを、無謀にも葬《ほうむ》り去ってしまったどこかのハイテク国とは人違いなのだ。
インドと日本の友好関係には長い歴史がある。先の大戦で日本が敗れたあと、東京裁判でただ一人、「日本は無罪だ」と主張したパール判事はインド人だった。そして戦後は、自分たちも極貧なのに、日本の国際社会への復帰に親身になって尽力してくれた。戦後まもなく、日本の子供たちのためにゾウを送ってくれたのもインドだ。七十年近くも前の話である。

今だって、日本の生命線であるインド洋のシーレインの防衛で、日本はインドに大きく依存している。インドとの協調は、日本の安全保障に関わる問題でもある。中国の南シナ海での無法な活動に対抗するためにも、両国は手を組まなければならない。日本がぼんやりしていると、インドは中国と手を結ぶだろう。

「私たちは被爆国です。平和を愛する国民です」といくら声を張り上げていても国は守れない。アメリカの核の傘の下にいるあいだはいいとして、もし、それが無くなったときはどうすればいいか。今さら核兵器の開発など始めたら、世界中から制裁されることは目に見えている。では、あくまでもアメリカに守ってもらえるように交渉するのか、中国の軍門に下るのか、ロシアに助けを求めるのか、それとも、どうにかして自主独立の道を探すのか、そろそろ真剣に考えるべき時期に来ている。

第七章

復興への希望と力

計算尺で事故時の原子炉内を推理した唯一の日本人

「ドイツに帰る飛行機の中で、推理小説とでも思って読んでください」と石川迪夫氏は言った。氏の著書、『考証 福島原子力事故　炉心溶融・水素爆発はどう起こったか』（日本電気協会新聞部）をいただいたときのことだ。それが二〇一五年。

しかし、この本で扱ってある事柄は、推理小説代わりになるようなものではもちろんない。とても難解な本だった。

ある原子力関係者の言によると、ここに示されている考証は、「炉心設計のプロが使っているコンピュータの解析プログラムをいっさい否定し、石川氏が一人、計算尺ではじいたもの」なのだそうだ。ところが、そこではじき出された論理に則《のっと》れば、炉心溶融やその後の水素発生、水素爆発の流れが不思議なほどうまく説明できる。「計算尺でその世界に突入できるのは、TMI（スリーマイル島の原発）事故の炉心メカニズムに精通している石川さんだけというのに驚きませんか?」と、その人は少し呆《あき》れ気味に語った。

つまり言い換えるなら、この本に書かれていることを認めれば、これまで原子炉を扱ってきた技術者や運転員はずぶの素人だったということになりかねない。それどころか、事故対応マニュアルや運転マニュアルに重大な不備があった可能性さえ浮上するかもしれない。そういう意味でこの本は、現在の原子力の世界にとって、爆弾のような危うさを秘めている……。それに気づいたとき、ああ、なるほど推理小説というのは、そういう意味合いもあったのかと、私は妙に納得したのであった。

石川迪夫とは何者か。ある評論家は氏のことを「超人」と称した。つねに背筋を伸ばした屈強な体躯、明晰な頭脳、朗々とした大声、そして直截な主張は、誰にも有無を言わせない力強さを放つ。そこにいるだけで、周りの者に尊敬と畏怖の念を抱かせる人物、それが石川氏だった。

氏は一九三四年、香川県高松市生まれ。東大工学部の機械工学科を卒業したのは一九五六年、日本がようやく原子力の平和利用に乗り出した矢先だ。

「翌五七年、ＪＰＤＲ（日本原子力研究所）の建設部隊に放り込まれましてね」と石川氏。氏はこれ以後まさに約半世紀、黎明期から世界最高の技術を誇る日々まで日本の原子力発電とともに歩むことになる。

氏が放り込まれたＪＰＤＲというのは、日本初の発電用原子炉のことだ。一九六三年十月、日本はここで原子力発電に成功した。当時の原子力は、未来につながる輝かしい分野だった。手塚治虫氏が鉄腕アトムの前身「アトム大使」の連載を始めたのが一九五一年（アニメ化は六三年）。これを見れば、手塚氏にいかに先見の明があったかがよくわかる。いうまでもなく、鉄腕アトムは原子力で動くロボットだ。その妹がウランちゃん。

ＪＰＤＲは一九七六年に運転を終了し、八六年から十年の年月をかけて解体された。その廃炉を指揮したのも石川氏だ。世界で二番目の廃炉工事だった。つまりJPDRは、建設、運転、技術管理と長年にわたって国産の原子力技術を磨き、人材の養成に貢献しただけでなく、廃炉作業によって、世界の原子力界にも多くの貴重な知見をもたらした。石川氏曰く、「僕はJPDRの産婆と坊主、両方やりました」。

少し話を戻す。

JPDRがまだ順調な稼動を続けていた一九六六年、石川氏はアメリカのアイダホ州に留学し、原子炉暴走実験に参加した。六一年に起こった原子力潜水艦の事故を再現し、その原因や過程を探るための実験だった。

ここでの経験がきっかけとなったのか、氏はその後、専門を原子力の安全性という分野に特化させていく。それなのに、四十年以上も後に福島でその安全が破綻したのだから、氏にとっての衝撃は、誰にも増して大きかったことと思う。

繰り返し流れたあり得ない(?)映像

福島第一の事故のあとまもなく、巷《ちまた》ではメルトダウンという言葉が跋扈《ばっこ》した。これは、一九七九年に作られたハリウッド映画『チャイナ・シンドローム』から来ている。原発の取材中に事故に遭遇した女性リポーターが、真実を伝えようと戦うストーリーで、アカデミー賞やカンヌ国際映画祭にもノミネートされた。この女性を演じてアカデミー賞の主演女優賞を獲得したジェーン・フォンダは、今も反原発の闘士だ。

映画の中では、事故を起こした原発の核燃料が高熱で溶融し、ドロドロと原子炉の底を突き破って漏れ出し、それが重力に引かれて地面を溶かしながら地球の中心を通り越して、反対側の中国に到達する。ウィキペディアに言わせるなら、ブラックジョークである。

にもかかわらず、福島第一原発の事故のあと、説明のためにテレビなどでさんざん示されたグラフィックは、たいてい真っ赤に溶けた炉心燃料がドロドロと溶けて流れ、圧力容器の底を貫通して、さらに格納容器に流れ出るというもので、多かれ少なかれ、映画に似ていた。ドイツのニュースでもそれは同じで、ときに私がこの図に異を唱えると、ドイツ人はたいてい少し非難めいた口調で「でも、メルトダウンが起こったのでしょう」と言い、〝無知〟な私を同情したような顔つきで見るのだった。

福島第一原発の事故のあと、とっくに第一線を離れていた石川氏が、『考証 福島原子力事故 炉心溶融・水素爆発はどう起こったか』を著したいちばんの動機は、間違った情報が広まり、福島第一の事故の解明が進んでいないことに対する苛立ちだったという。

氏の説によれば、炉心がドロドロに溶けて流れるというチャイナ・シンドローム現象は、現実には起こり得ない。それは米国のスリーマイル島（TMI）原発でもチェルノブイリ原発でも、そして、福島第一原発でも起こっていない。

なのに、メルトダウンという言葉だけが一人歩きしていた。それがいったいどういう意味であるか、正確に知っている国民がほとんどいなかったにもかかわらず、東電はメルトダウンを隠蔽《いんぺい》していたと非難もされた。恐ろしいチャイナ・シンドロームの幻影ばかりが皆の頭の中を占めていたからである。

事故の解明が進まない理由

では、福島第一原発の一～三号機の中では事故のとき、いったい何が起こっていたのか？

第四章で書いたように、現在、ロボットなどを駆使して、炉の中の様子の調査が始まっている。しかし、事故に至るまでの経緯、あるいは、事故時に取られた措置が正しかったかどうかの検証などは、あまり伝わってこない。ましてや、過去の他の原発事故との比較などは、まるでおこなわれていないのである。

石川氏曰く、「今回起きた炉心溶融や水素爆発は、原子炉が出す崩壊熱によって起きたのではなく、高温になった燃料材料の化学反応で生じたものです。有名な計算コードは事故発生の前に机上で作られたものですから、事故で起きた事実と相違する部分が存在しています。だから、出てきた数字は事故現象と一致しない。無理に一致させようとしてインプットをチューニングすると、事故全体の整合性が成り立たなくなる。こうした理由で、いまだに福島の事故についての明快な説明がなされていないのです」。

福島事故の経過を推し量るためには、究明の進んだスリーマイル島原発の事故を勉強することが何よりも重要というのが、氏の今も変わらぬ意見だ。だから『考証　福島原子力事故　炉心溶融・水素爆発はどう起こったか』は、まず、スリーマイル島原発の事故の説明から始まっている。

いずれにしても、私は石川氏から手渡されたこの本を携えてドイツに戻り、意気揚々と読み始めたのだが、まもなく行き詰ってしまった。どうしても先に進めなくなる場所があり、前に戻って読み直しても、やはり同じ場所で止まってしまう。

それもそのはず、そもそも私には、原子炉の構造自体がピンと来ていなかった。原子力が、いったいどういう仕組みで強大なエネルギーを発し、発電機のタービンを回すのか。ＰＷＲ（加圧水型軽水炉）とＢＷＲ（沸騰水型軽水炉）の違いとは？「反応熱」、「輻射熱《ふくしゃ》」、「崩壊熱」、そして「再臨界」の意味も、よくわからない。石川氏が、読者がすでに知っているという前提で書かれているほとんどのことが、私にはチンプンカンプンだった。結局、私は諦《あきら》めた。そのうち、この本の上にほかのいろいろな本が積み重なった。

その後、紆余曲折があって、私は東京で石川氏から直々レクチャーを受けることになった。ドイツの部屋の片隅で息をひそめつつも、おそらく強力なシグナルを発信し続けていたらしいこの本は、こうして再び日本へ舞い戻ることになる。今では私は個人レッスンのおかげで、この本の内容を少しは理解できたと自負している。

水素爆発を防げた可能性もあった

では、ここには何が書かれていたのか。

全体を要約することは不可能だが、私が理解でき、かつ、大切だと思ったことのみ、無理は承知で極端に簡略化する。

一、事故の説明のためにテレビでさんざん示されたグラフィック、真っ赤に溶けた炉心がドロドロと溶け、圧力容器の底を貫通して格納容器に流れ出るという事態は、現実には起こり得ない。なぜなら、炉心は高温に熱せられ、柔らかくなっても、すぐに溶融することなく、表面に形成された酸化ジルコニウムの膜に守られた形で、かなり長いあいだ直立したままでいるからだ（注・核燃料は、ジルコニウムの合金でできた長い管の中に詰められている）。

二、炉心溶融が起こるためには、二つの絶対条件がある。「炉心が灼熱《しゃくねつ》状態であること」と、「大量の水があること」。だから、俗に言われているように、「圧力容器の冷却水が減れば、炉心の温度が高まり溶融が始まる」というのは正しくない。そもそも燃料である二酸化ウランの融点は三千度近いため、水がなくなっただけでは、なかなかその温度には到達しない。

では、炉心の溶融はいつ始まるかというと、減った水を補うために大量の水を注入したときに始まる。なぜなら、それまで灼熱状態の燃料棒を保護していた酸化ジルコニウムの膜が、水で急に冷やされて破れてしまうからだ。膜がなくなると、内部の高温ジルコニウムと水が接触し、激しい化学反応が起こり、急激に温度が上がる。その高熱で初めて炉心溶融が起こり、大量の水素ガスが発生する（水素は百パーセント水素だけなら爆発しないが、どこかで空気と混じり合えば起爆性を帯びる。そこに何らかの衝撃で火がつくと、大爆発が起こる）。

では、実際に事故が起こり、圧力容器内の温度が上がり、水が減り始めたときはどう対応すればよいのか？　圧力容器内の水が無くなっただけでは炉心溶融も起きないし、爆発もしないなどと、のんきに構えていることは、もちろん許されない。

それに対する石川氏の答えは明快だ。圧力容器に注水をするとき、ジルコニウムが酸化反応を起こす条件を取り除けばよいというものである。つまり、一時的に圧力容器内の圧力を低下させる。すると、圧力容器の中に残っていた水が蒸気になって吹き出し、それが燃料棒の温度をゆっくりと下げる。そのあと注水すれば、ジルコニウムと水の激しい化学反応は起こらない。

そのとき、すでに炉心が崩れていたとしても、高温にさえならなければ、溶融は起きない。

崩れた炉心は冷やされてそのまま固まり、いわゆるデブリと呼ばれる物となる。爆発の元となる水素ガスも発生しない。

ところが福島第一原発の一～三号機の場合、高温の状態で注水したので、膜が壊れて、中のジルコニウムと水の激しい化学反応が起こった。うち一号機と三号機では、それが水素爆発につながった。石川氏によれば、スリーマイル島の原発事故の検証結果を勉強していれば、この爆発は防げたはずだった。しかし、二〇一一年の時点では、せっかくのこれらの知見は日本ばかりか、世界の原子力関係者のあいだでもほとんど共有されていなかったのだ。

NHK取材班が語る「失敗の本質」

つい最近（二〇一七年九月）、「NHKスペシャル『メルトダウン』取材班」による『福島第一原発1号機冷却「失敗の本質」』（講談社現代新書）という本が出た。「6年にわたる検証で浮かび上がってきた数々の『1号機冷却失敗』の謎に迫る」ことが目的らしい。朝日新聞が誤報により、当時の福島第一原発の吉田所長を貶めたことはすでに第四章で触れたが、このNHKチームの本の表紙も、「吉田所長の英断『海水注入』で原子炉に届いた水はほぼゼロだった」と、やはりセンセーショナルだ。さらに本文中には、吉田所長の疲労度の解析などもある。

しかし、海水の炉心への注水効果が十分に上がっていないことは、何も今さらNHKに言われなくても、当時からわかっていた。それは、当時のテープにも残っている。

ただ、NHK説と石川説のいちばん大きな違いは、NHK取材班は、燃料棒が水からむき出しになるとすぐにメルトダウンが起こると信じていることだ。だから、消防車の注水が始まった時点では、核燃料がすべて溶け落ち、原子炉の中には核燃料はまったく残っていなかったと考えており、その後の展開も、すべてこの論拠が元になっている。コンピュータの解析ではそうなるらしい。

一方、石川氏は、コンピュータで出てきた数字は、事故の現象と一致しないと指摘している。そして、氏の推測によれば、燃料はむき出しになっても溶け落ちず、しばらくはその形状を保っていたのだ。だからこそ、実際におこなわれた注水と、圧力を下げるやり方とに、反省すべき点があったと考えている。確かに、二号機、三号機では、注水が始まった直後に水素爆発が起こっている。化学反応が起きた証拠である。

もちろん、何が正しいかは、炉の中を確かめられない現在、まだ誰にもわからない。しかし、NHKチームは、かなり整合性の認められる石川説を完全に無視したまま、自論を正論として推し進めた。

大気への放出放射線量を百分の一にする装置

『考証　福島原子力事故　炉心溶融・水素爆発はどう起こったか』では、ベントの除染効果も重要なテーマとなっている。

ベントというのは、格納容器の圧力を抜くための装置だ。今回の事故のように炉心を冷やす機能が停止し、水とジルコニウムの激しい化学反応で大量の水素ガスが発生した場合、ガスは圧力容器内から格納容器に噴き出すようになっている。そうでなくては、圧力容器内の圧力が上がりすぎて危険だからだ。

しかし、それがさらに続くと、今度は格納容器内の圧力が上がってくる。福島第一原発の一号機では、格納容器内が八気圧にもなった。こうなると、格納容器自体がもたない。そこでベントをおこなう。ベントをすると、格納容器内の気体はその底の深さ三メートルほどの水たまりを通り、放射能を洗い落としたうえで、放出される。

ただ、ベントというのはこれまで、原子力関係者にとっては最もやりたくない仕事だった。なぜなら、溜まったガスとともに放射能を外に出してしまうからだ。つまりベントは住民を危険に晒すかもしれず、それゆえ「最後の手段」という認識だった。

では、ベントを通じて外に出る気体というのは、どれくらいの放射能を含んでいるのか？

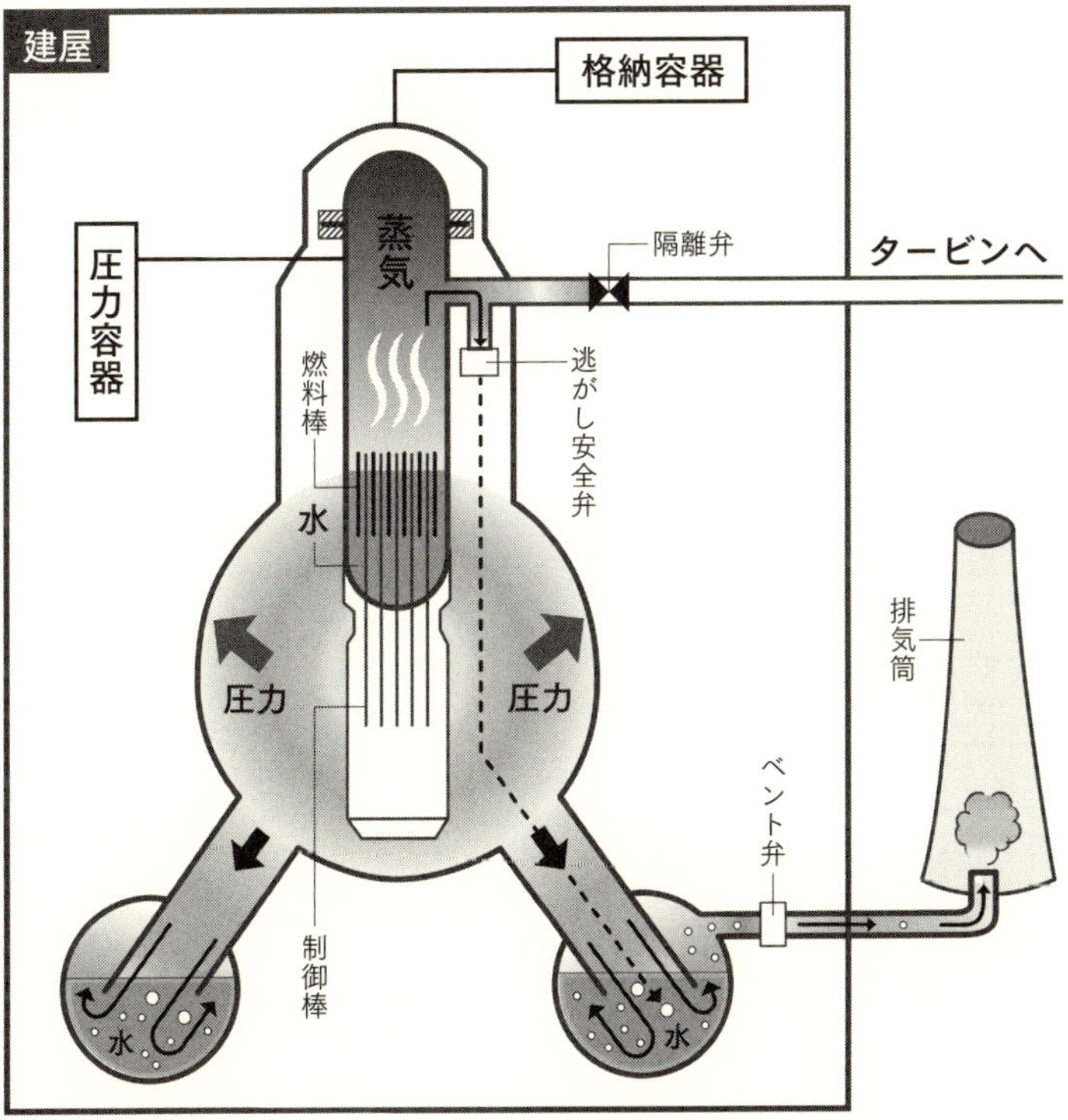
建屋
格納容器
圧力容器
蒸気
隔離弁
タービンへ
逃がし安全弁
燃料棒
水
圧力
圧力
排気筒
ベント弁
制御棒
水
水

本当に住民を危険に陥れるのか？

結果だけを言うなら、福島でのベントの効果は目覚しかった。三号機では、大量のベントがおこなわれたが、放射線量はほとんど増えず、毎時四マイクロシーベルト（二〇ミリシーベルト／年相当）以下だった。そのまま放出した場合の約百分の一である。

ところが三月十五日、ベントに失敗した二号機では、格納容器から押し出された放射能が外に漏れた。排気筒のような高所からではなく、低い建屋から直接、漏れたのである。しかも、そのとき風がなかった。つまり、絶対にあってはならないことが、最悪の条件下で起こったのだった。

そのため、発電所正門付近での線量は、一時、一五〇〇ミリシーベルトにもなった。軽水炉での事故がもたらす線量率の最大値に近い数字だと言われる。仮にベントが成功していれば、線量はその百分の一で済んでいただろう。つまり、あれほど急な住民の避難さえ必要なかったことになる。

北海道大学の奈良林教授によれば、ベントとは非常に単純な構造の装置だそうだ。もちろん電気がなくても機能する。しかも、現在開発されているフィルター付きベントは性能が格段向上しており、放射性物質は百分の一どころか、ほぼ千分の一にまで減らせる。それどころか水がなくても大丈夫だという。つまり、将来、過酷事故が起こっても、この改良ベントが働けば、たとえば福島第一原発の二号機のようなケースでさえ、放出される放射能は通常運転状態と変わらなくなる。

事故時における救いの神

さて、ここからが同書でいちばん重要な部分だ。石川氏の主張の核心は、何らかの事故が起こり、放射能を帯びたガスが格納容器に充満し始めたなら、それを厳格に閉じ込めるよりは、さっさとベントを開けばよいということだ。そうして圧力容器の圧力を下げ、温度が下ってから水を入れれば大事には至らない。

こうなると、当然、格納容器の役割が決定的に変わってくる。これまでの認識では、格納容器は放射能を外部に漏らさない最後の砦《とりで》であったが、ベントの効果がここまで目覚しいとなれば、その限りではない。ベントを開いて、炉の状態を落ち着かせておいたうえで、住民の避難が必要かどうかも余裕をもって検討できる。つまり、これまでタブーであったベントは、事故時における救いの神になるのである。

もっとも福島では、一号機と三号機でベントがおこなわれたが、結果的に、その後、両方とも水素爆発を起こしている。二号機ではベントは不備で、開くことさえできなかった。いろいろな理由があったとはいえ、ベントを有効に使えなかったことへの反省は大きい。

ただ、失敗したとはいえ、これにより、いくつかの重要なデータは残った。だから今、世界中の原子力関係者が、将来の原子炉の安全対策にベントを活かすべく、これらのデータに俄然注目し始めている。

お隣の中国では、すごい勢いで原発が増えていく。万が一、事故で放射能が漏れれば、それは風に乗って日本にも飛んでくる。「だから中国の原発にこそ、最新のフィルターベントをつけてほしい」と奈良林教授は言うが、まさに正論であろう。他国の原発は、誰にも止めることはできない。そんな中、ベントは、当事国にとっても、周辺のすべての国にとっても、安全のための重要な保険のひとつとなる。

福島第一の原発事故のあと、原子力発電の安全対策について、さまざまな批判や不満が噴出した。ベントは機能せず、日ごろの防災訓練は学芸会だったと言われた。なぜそんなことがずっと続いたのか。当然のことながら、石川氏をはじめ、それまで原発の安全管理に携わってきた人たちの信用はガラガラと崩れた。

事故の責任は政府にあったのか、電力会社にあったのか、規制当局にあったのかという議論も、聞かされる国民にとっては腹立たしいものだった。そのうちに多くの人々が、もう原発など要らないと思ったのも無理はない。

「無責任な関係者のせいで事故が起こり、いまだに家に戻ることのできない人々がいるのに、性懲《しょうこ》りもなく、原発を安全に動かすための方策などを考えているのはおかしい。倫理に反している。いちばん大切なのは人の命だ。原発などキッパリやめてしまえ!」

もともと日本には、危ないものはすべて禁止してしまう、あるいは、議論の対象にしないという文化が根強い。潔癖であると言えば言えるかもしれない。

ただ、危なそうなのでやめるという思考法が前向きのものであるとは、私には思えない。肝心要《かなめ》の局面で考えることをやめ、冷静な価値判断ではなく感情に身を任せていたら、必ずその報いが来る。私たちは、果たしてそれを承知しているのだろうか。これは潔癖というより、無責任なのではないか。

小泉元首相のハチャメチャ発言

二〇一一年の原発の事故以来、この無責任を大々的に提唱している人たちがいる。たとえば小泉純一郎元首相。

二〇一六年二月に文藝春秋から、『小泉純一郎 独白』(常井健一著)というインタビュー本が出ている。インタビューだから独白ではないが、それはさておくとして、氏のエネルギー政策の論拠はあまりにもおかしい。このように影響力のある人が間違ったことを主張すると、社会に及ぼす害が大きい。

中でもいちばん困るのは、「原発なくても大丈夫なんだ(以後「」部分はすべて同書より引用)」という主張だ。本来なら国民は現在、原発が止まっているがために、自分たちがどれだけの経済的犠牲を強いられているか、ましてや、日本という国にとってこの状態が、国防上もエネルギー安全保障上も、どれほど危険な綱渡りであるかということこそを知らなければならないのに、有名人「小泉純一郎」の〝ざっくばらん〟な一言は、それらを読者に考えさせることなく、あっさりと蹴飛《けと》ばしてしまう。

「郵政事業と似ているんだな。（略）郵政省の幹部とか組合の天下りとかもひでぇもんだったから」といった彼の語り口を好む国民が多いことはわかるが、郵政民営化を進めたノリでエネルギー政策を進めるわけにはいかない。郵政民営化とエネルギー問題はまったく次元が違う。エネルギーの供給がうまくいかなくなれば、国そのものの存在が危うくなる。「選挙に弱い政治家は圧力に弱いんだよ。かわいそうに」では済まない。

これと同じぐらいおかしいのは、次の段。

「原発がなかったら石油、石炭の輸入額が三兆六千億円も増えるから、国富の損失だ」って、経団連の幹部が言ってきたこともあったよ。でも日本は、食料輸出と食料輸入と比べたら、輸入がはるかに多くて赤字なんだ。「じゃあ、食料輸入がずっと赤字で『国富の損失だ』と言ったことあるか」って言ったら、それ以来、原発ゼロで貿易赤字になるなんて一切言わなくなったよ。その人、社長だからね。面白いもんだよ。

何が面白いかはわからないが、そもそも、これは比較にもなっていない。日本は、国民が必要とする食料を、現在、自給自足できない。しかも、輸入物のほうが安いから輸入しているのであって、市場経済の原則に即しているし、採算も取れている。

しかし、エネルギーで起こっていることは、有用な国産品の利用を拒否して、化石燃料輸入の増加という形で国民負担を増やし、しかも国のエネルギー供給を不安定にし、技術を窒息させ、結果として国力を下げている。経団連の幹部が反論しなくなったとしたら、元首相に、そんな簡単なことを説明するのは気が引けたからではないだろうか。

いずれにしても、こんなおかしな説が広まると、当時、原発を超法規的に止めて、現在の危うい状況を作り出した菅直人元首相の行為も正当化してしまうことになり、ますます無責任の輪が広がってしまう。

ドイツの何を見たのか？

ドイツでも、これまでは多くの国民がエネルギー転換（脱原発＋再エネ拡大）を支持してきた。大手メディアが全面的にその意見形成を後押ししてきたことも、国民の支持が続いた大きな理由のひとつだ。

ところが、そのドイツでさえ、最近タブーが揺らいできていることは、第五章ですでに書いた。

その背景には、脱原発の二〇二二年が近づいてきて、「原発の穴埋めは再エネでできるという主張」と、それができない「現状」との辻褄が合わせられなくなってきたという事情があると思われる。

小泉氏は、「私はドイツまで見に行った。どんどんいいの、出ていますよ。（略）原発にかかるお金をわずかでも回して、自然エネルギーだけで国民生活は大丈夫だという対策を立ててあげるほうがいいんだ」と言っているが、ドイツで誰に案内してもらったのだろう？

もっともドイツでは今のところ、環境相を頭に、役人は皆、反原発、再エネ推進を説くので、小泉氏が彼らの目くらましを食らったとしても無理ないが、それでももっぱら反原発の人たちから知識を得ているのだとしたら、適切な判断はできないのではないか。

ちなみに同書には、「原発爆破してメルトダウンを起こせば、放射能を浴びてがん患者がすごく出る。日本は右往左往、もう駄目」とか、「核燃料を貯めているところだって、やられたらおしまい。米軍基地なんか叩く必要ないよ」という発言もある。

核燃料を溜めているところの一つに、久里浜の核燃料成形加工工場があるが、ここが爆破されても核爆発などしないことは、地元のご本人がいちばんご存じのはずだ。

かみ合わない議論

現在の日本のいちばんの問題は、違った意見を持った人たちがまるで接しようとしないことだ。保守とリベラルの間にしろ、原発の稼働か廃止かの問題、あるいは、憲法改正か現状維持かの問題にしろ、健全な議論が欠けている。賛否両論はいつもきれいにすれ違ったままだ。

たしかに思想の場合は、議論しても意見が変わる可能性は限られているため、集会が自ずとファンクラブっぽくなるのはある程度しかたがない。また、皆で集まって食事をするなら、同じ意見の人たちとのほうが楽しい。

しかし、エネルギー問題は科学だし、国の根幹に関わる重大事だ。本来なら、同じ意見の人たちだけが集まって気炎を上げていても意味はないのに、今の日本ではそれがまかり通っている。それどころか、両陣営ともが自分たちの賛同者はしだいに増えていっていると思い込んでいる。

原発反対派はつねに「そんな危険なものは要らない」一本槍で、「では、どうするか？」という質問には、夢とビジョンが語られる。小泉氏の、「太陽光は陰ったらダメ、風力も風が止まったらダメと言われてきたけど蓄電技術がどんどん発達しているよ」というのが、その典型だ。

本当に蓄電技術がそこまで発達しているなら、誰も苦労はしない。ところが現状は、かろうじて機能している蓄電は、揚水式の水力発電のみ（余った電力で水を上のダムに上げておいて、発電したいときにはそれを落とす）。小泉氏が示唆していると思われるバッテリー類は、まだどれも実際の役には立たないし、近い将来、実用化される気配もない。

しかし、そんな事実は見事に無視され、「『原発は安全、安い、クリーン』って、推進の三大スローガンが、全部ウソ」といったキャッチコピーのようなアピールが、わかりやすいがゆえに人気を博している。

岩波書店の原発礼賛本

科学であるはずの原発が、一向に科学的に論じられない原因はいくつか考えられるが、①今や一大産業となってしまった再エネ関連産業が原発の存続を欲していない→経済的理由、②反原発運動がある一定の政治家の強い武器となっている→政治的理由、③原発が思想の分野にはまり込んでしまった→思想的縛り、という三点が主なものではないかと思われる。

二〇一二年、『中国　原発大国への道』（郭　四志著）という本が出た。著者は大連生れで、現在、帝京大の教授。専攻は国際経済、中国経済、エネルギー経済。版元は岩波書店。

岩波書店が、創設から今まで、日本のリベラルな知識層の代表という地位を保持し続けてきたことは、私がここで言うまでもない。原発については一貫して反対の立場を取ってきた。

そのせいか、『中国　原発大国への道』の表紙、および裏表紙にも、中国の原発推進に疑問を呈していると取れるリードが並ぶ。ところが、読んでみると中身はまったく違い、全編にわたって、中国が将来、世界の原子力発電市場をリードしていくだろうことが誇らしく語られている。

地震や冷却水不足、開発のテンポが早すぎるためのリスクなども指摘されてはいるが、それらは著者のいちばん言いたいことではないだろう。つまり同書は、七十冊余りある岩波書店の原発関連書の中で、異色の存在なのである。

同書によれば、中国は原子力発電の能力を「二〇三五年までに二百三十基、計二億三〇〇〇万キロワットまで拡大する構想があり」、「確実に世界の原発超大国への道を歩みつつある」という。安定した電気の供給は産業成長の要なので、考えてみれば、当然のことだ。現在、中国は、火力発電所もハイペースで増設しているが、深刻になっている大気汚染を考えれば、原発のほうがより国民の利にかなう。

この本の締めである次の言葉は、日本人にとってはかなりショックだ。

中国原発においても、より安全に建設・運営を行い、事故を防ぐことに徹底的に取り組まなければならない。原発先進国、とりわけ、今回原発事故を経験した日本は、事故の収束が終わっていないものの、耐震など自然災害を防止する技術・ノウハウや安全運営面での経験、および原発事故を処理した経験・教訓などに関する情報を積極的に中国と共有して、原発大国の中国に活かすべきである。

『中国　原発大国への道』は、岩波書店の原発礼賛の本なのである。

「なぜ岩波が原発容認の本を出してはいけないのか。色のつかない出版社というのがあってもよいではないか」という意見もあるだろう。それは正しい。ただ、岩波書店がこれまで中立であったとするのは無理がある。岩波は、中国に対しても、日本国憲法に対しても、皇室に対しても、そして原発に対しても、いつもちゃんと「色」のついた主張を後押ししてきた。それはそれでよい。日本は言論の自由のある国だ。

ところが今、私の目には、岩波は中国の原発から毒を抜いたように見える。つまり岩波にとって、原発に賛成か反対かの論争の根拠は、安全でも環境問題でもなく、思想だったらしい。だから、中国の原発は容認されるものに、いや、賞賛されるものに変わった。そうなると私の知りたいのは、日本の原発は岩波にとって何かということだ。依然として猛毒であり続けるのだろうか。

そういえば、戦後、米ソが原爆の開発競争をしたとき、「アメリカの核は悪いが、ソ連の核は悪くない」という理論を展開した日本の政党もあった。

もし、日本の反原発運動が思想に基づいて起こっているとすれば、もちろん科学はお呼びでない。しかし、日本人ははたしてそれで良いと思っているのだろうか。

世界の変化から目をそらす日本

今、世界の変わり方は著しい。あちこちで軍事紛争が起き、難民があふれている。一九五二年にアメリカによる占領政策が終了して以来、今ほど日本が多くの国から武力で、あるいはプロパガンダで挑発されたことはない。

世界の強国は、アフリカにも中東にもさまざまな名目で軍隊を送り出し、国益を守るため、自国企業の進出を陰に日向に支えている。しかし、その熾烈さは日本では理解されにくく、だから、日本のビジネスマンだけが、気の毒にも今、丸腰で危険に晒されている。日本がアメリカの核の傘に守られ、良い製品を作っていれば繁栄できる時代はとっくの昔に終わってしまったというのに、日本人はそこから目をそらしている。

第二次世界大戦前の日本は、エネルギーの八割をアメリカからの輸入に頼っていた。そして、今、私たちは原子力を捨てて、またもやエネルギーの輸入依存に戻っている。しかも、今、日本人が必要としている資源の量は当時とは比べものにならず、また、これらが来なくなったときの危険度は、想像するのも恐ろしいほど増している。

それなのに、燃料の運ばれてくるホルムズ海峡の防衛は人任せだ。今のところ、それ以外に方法もないし、皆もそれが当たり前だと思っている。アジアの海も不穏な状況だが、国民の主要な興味の範疇《はんちゅう》にはないようだ。尖閣諸島や竹島を守ろうなどと言えば、国家主義者扱いされる。長いあいだ努力を重ね、せっかく完成間近だったエネルギー自立のための燃料サイクルも見失いそうだというのに、それさえ誰も気にかけていない。

結局、3・11以後、私たちは原発だけにノーを突きつけたきり、その他のあらゆる危険は無視している。すぐそばには核で脅しをかけてくる国まで出現したが、危険察知のアンテナは畳んだままだ。

そもそも福島の事故以来、全国のほぼ全機の原発を止め、かたくなに再稼働を拒《こば》むことによって、私たちはいったいどのような安全を手に入れたのか。エネルギーが調達できなくなったときのことを想定し、きちんと対策を打つべきだと、なぜ、誰も言わないのか。私たちはいったいあと何年逡巡し、どれだけ後退し、いつまで試行錯誤を続けていけばよいのだろう。

福島の人々への期待

じつは私は、日本人が陥っている思考停止の弊害に気付き始めているのは、ほかならぬ福島の人たちではないだろうかと考えている。福島には、今、発展の可能性が山ほどある。復興のために注ぎ込まれているお金が公共事業の代わりになって回っているだけでなく、日本中の人々が応援しようとも思っている。失敗に学び、立ち上がり、前進するにはもってこいの条件がそろっているのだ。なのに、なぜか考え方が前向きにならない。風評も消えない。災いを福にしようという考えがあたかも不謹慎なことのように、前進が妨害され続けている。

福島のある地方銀行のホームページに載っている数字によれば、震災のあった二〇一一年の三月、三兆四七五六億円であった預け入れ資産残高が、今年の三月の決算では六兆八九四億円と空前の額になっている。このお金が「損害賠償」の一部だとしたら、国民が拠出したお金が福島の銀行で眠っていることになる。復興の役にも立っていない。そういう数々の理不尽を福島の人たちは知っている。そのデメリットをいちばん被っているのは、まさに彼らなのだから。

全袋検査では汚染されたお米が一粒も出てこないのに、東京のスーパーにはいまだに福島のお米が並ばない。妨害しているのは福島以外の人々だ。「農地を汚染され、避難し、かわいそう」という考えが、福島の人たちを困らせている。しかも、それは皮肉にも、善意から発せられているのである。

本書では何度も、福島の問題によそ者が口を挟む難しさに触れた。だからこそ今、私は、福島の人たち自身に、もっと声を上げてもらいたいと願っている。福島には、原発事故の教訓をこれからの発展につなげたいと思っている人が、少なからずいるはずだ。災いを福にしようと堂々と提唱できるのは、今、彼らだけなのだ。

では、福島にはどんな可能性があるのか?

確実なのは、人と企業を呼び込まなくては何も始まらないということだ。そのための起爆剤を、今、福島ほど仕掛けやすい場所はほかにない。

第一原発の周りの除染が終わったら、最高のインフラを整えてハイテク企業を誘致し、未来志向の工業団地を作ってはどうか。いわき新幹線を着工するのもいい。将来、利便が良くなるとわかれば、投資家の「買い」の嗅覚が刺激される。そのうえで、トランプ米大統領がやったように法人税を下げれば、企業は来やすい。世界中からＩＴ産業を呼んで、研究開発を支援するのも一案だ。夢のありそうな所には、自ずと人が集まってくる。いずれにしても、銀行で寝かせておくために税金を投入するよりはずっとよい。

電源立県を超える斬新なアイデア

福島は半世紀のあいだ、良いにつけ悪いにつけ、堂々たる日本の電源立県だった。私としては、再び電源立県としてリバイバルしてほしい気もするが、しかし、今、県民のあいだには、原発と聞いただけで大きな抵抗があることは想像できる。福島の原発の電気自体は、首都圏のためのものだから余計にそうだ。川内村の遠藤村長も、「僕自身は、福島の原発に限って言えば、（住民の避難が継続している中での）再稼動は嫌ですね」と言っていた。ということは、復興にはそれに代わるよほど斬新なアイデアがいる。

その一つとして、二〇一七年十月に新安全基準に合格した柏崎の刈羽原発との連携などはどうだろうか。新潟の柏崎には、東電の原発が七基もある。そもそも、現在、どこも原発のある場所は、再稼動が進まないために人口が減り、衰退の一途なのだ。これだけ安全基準が厳しくなり、しかも核の高濃度廃棄物の安全処理にも道筋がついてきた今、基準を満たした原発はすみやかに動かす。そうすれば、石炭やガスを買っていた膨大なお金も浮く。

福島の浜通りがIT企業なら、柏崎は航空先進産業を結集させて、航空・宇宙開発の基地にするのはどうだろう。福島が日本のシリコンバレーで、新潟は日本のNASA。二つの都市のあいだを研究者が行ったり来たりするなんて、想像しただけでも楽しい。そのころには、新潟と浜通りも新幹線で繋がっているかもしれない。

蛇足ながら、新潟で刈羽原発が地元を活性している姿を見れば、もともとエネルギー産業と縁が深い青森も、きっと触手が働く。下北半島には海上自衛隊の大湊基地もあるし、航空自衛隊の三沢基地もある。むつ市の釜臥山は恐山山地の最高峰だが、その頂上の巨大なレーダーが、昼夜、日本の北の空を見張っている。

中国や北朝鮮の脅威はこれからも続きそうだし、その他の軍事的脅威も、将来、増すことはあっても減りはしない。日本は、防衛のための総合基地を必要としている。青森にはぜひ防衛関係の企業や研究所を誘致して、海と空の守りを磐石《ばんじゃく》にする研究をしてもらいたい。

そのためには当然、下北半島の東通《ひがしどおり》原発の再稼働が必至だ。そこに六ヶ所の原子燃料リサイクルが加われば鬼に金棒。この両方が動けば東京の電気は俄然安くなる。

そして、技術協力や共同研究のために、世界の防衛関係者や原子力関係者が下北半島に飛んでくるようになれば、青森空港は国際空港だ。青森は、過疎のベールの下で眠っているわけにはいかなくなるだろう。

日本再生の一歩を福島から

二〇一四年七月十六日、原子力規制委員会の田中俊一委員長（当時）は、九州の川内原発について、「基準への適合は審査したが、安全だとは私は言わない」と述べた。では、何のために審査したのか。政府も似たようなもので、稼働については「政治判断はしない」。国のエネルギー政策を、国が決めず、電力会社と住民のバトルの結果に託してしまうとは、あまりにも無責任ではないか。

第二章に登場した復興本社福島担当特別顧問の石崎氏は、毎日謝罪を続けながらも、「少資源国の我が国にとって原子力エネルギーの活用は必要」という見解は変えていない。被災者の集会に呼ばれていっても、それだけは言う。今や福島に骨をうずめるつもりという氏だからこそ言える言葉だと思うが、これは、本来、政治家が言うべきことだ。

日本は貧しくなってはいけない。それは、自分たちさえ良ければよいという意味ではけっしてない。まず、自分たちが豊かでなければ、技術力や人材による国際貢献はおろか、有意義な意見の発信さえおぼつかなくなる。確固とした主権を持ち、世界に貢献したければ、それができる国力を持たなければならない。

福島が事故を克服し、独自のアイデアで復興の資金を上手に使って地方創生に成功すれば、ここは以前のような、電力会社に依存し過ぎた地域ではなくなるだろう。そして、希望の波は広がり、日本全体に活力を拡散できる。

福島県民が声を上げれば、日本人は勇気が出る。再生への第一歩を踏み出すために、今、福島の人たちがもつ力は、限りなく大きい。

「事故のあと、みんな、会社に泊まっていましたね」と、その東電マンは、少しはにかむように言った。福島ではない。東京本店の話だ。

寒くて暗い避難所で、悲嘆にくれている人がいる。死に物狂いで戦っている同僚たちがいる。それを知っては家になど帰れない。会社に泊まったからといって何の役にも立たないのに、「それでも帰れませんでした」と彼は言った。

そんな話を聞くと、ドイツではどうだろうといつも思う。ドイツに住んで三十五年。私の成人としての重要事は、すべて彼《か》の地で展開した。今ではドイツ人の考えることなら、手に取るようにわかる。

おそらく彼らなら、用もないのに会社に残ったりはしない。ドイツ人とは、極めて合理的な思考の持ち主だ。そして、その思考通り行動することを躊躇しない。ドイツ人と日本人は似ているようで、ときに、まったく似ていない。

二〇一七年八月、ドイツの格安航空会社エア・ベルリンが破産した。混乱を防ぐために、運行は国の補助で十月末まで維持されることになった。エア・ベルリンは、旅客数ではルフトハンザに次いでドイツ二位の会社だ。まもなく幾つかの会社が買収に名乗りをあげた。

それにあたってエア・ベルリンのパイロットは、経営陣が会社売却の際に、リストラや減給などで、自分たちを犠牲にすることを懸念した。しかし、交渉は難航したらしく、彼らは荒手の行動に出た。九月十三日、百五十人ものパイロットが病欠を申し出、二百便近くが欠航となったのだ。乗客は事前に知らされず、老人が、子連れが、そして休暇旅行を楽しみにしていた多くの人たちが、あちこちの空港で為すすべなく漂流した。

二〇一三年八月、ちょうどドイツ人の夏季休暇の最盛期に、マインツの中央駅が、突然、閉鎖されたこともあった。マインツはラインラントープファルツ州の州都。片田舎の駅ではない。日本に置き換えれば、横浜駅が閉鎖され、特急や在来線が素通りし、地下鉄も乗り入れなくなったようなものだ。それが一カ月近く続き、利用者の被った迷惑は甚大だった。

閉鎖の原因は、休暇中の職員が多かったところに病欠が重なり、ローテーションが回せなくなったこと。経営陣は、休暇中の職員を呼び戻そうとしたがうまくいかず、結局、安全上の問題が生じるということで駅が閉鎖された。ドイツに長年住んでいるが、こんなことは初めてだった。

ドイツでは、休暇中の職員を急遽呼び戻すことは、それと引き換えにかなりの報奨金を出しても、うまくいかない場合が多い。夏の休暇は皆、二〜三週間。休暇もまた、病欠と同じく労働者の権利だ。元気で働くには、英気を養うための休息が必要なのである。

だから、そんなドイツ人から見たら、冒頭の東電マンの言っていることは理解に苦しむ愚行だ。「より多く会社に貢献するためには、家へ帰ってしっかり寝たほうがいい」。

休暇を犠牲にしないドイツ人は、自分たちのお金のゆくえもしっかり見張る。福島第一原発の事故のあと、もろ手を挙げて脱原発と再エネ推進に舵を切ったドイツ人だったが、今になって電気代の高騰に気づいた。最初は環境のためだと我慢していたが、それも怪しいとなった今、犯人探しが始まっている。いずれにしても、家計という草の根の問題からその波が起こってきたことがドイツらしい。権利意識が高く、責任のありかをうやむやにしない彼らならではの話だ。

片や日本では、休暇の権利も放棄、残業もプレゼント。そして、電気代の上がっている原因も追求しない。それどころか、膨大な再エネの買取費用のせいで自分の家の電気代が上がったことさえ知らない呑気《のんき》な人もいる……。

本書の取材では、数限りなく、そういう話に巡り合った。ドイツでは労使は完全に敵対するが、日本では半分は敵で、半分は仲間。すべてが曖昧《あいまい》だ。日本人の知性は、不合理と絶妙なスクラムを組んでいる。日本では理解されるが、おそらくほかの国では通用しないこと。ドイツ生活が長い私は、そんな事象に敏感に反応し、取材中、二つの国が私の頭の中でしょっちゅうギシギシとせめぎ合った。

日本人の曖昧さは、優しさや、優柔不断さや、あるいは、事なかれ主義から出ている。そして、この微妙な配分のおかげで日本は住みよい国になった。これは日本人の天性だ。だから、手放してはならないと思う。

一方、刻々と変わる世界への対応に際しては、いかにしてこの曖昧さを取り除くのか、それがこれからの課題である。それなくしては、東日本大震災と福島第一原発の事故といった未曾有のダブルパンチからの真の復興はあり得ない。そればかりか、ますます過酷になる国際社会で、日本の存在感はどんどん薄れていくだろう。

末尾ではあるが、インタビューに応じてくださった福島の多くの方々、原子力について懇切丁寧に教えてくださった石川迪夫氏、そして何よりも、知的で心のこもったアドバイスで、くじけそうになった私を支えてくださったグッドブックスの良本光明、和恵ご夫妻に心よりの謝辞を述べたい。

秋雨の続く東京にて

川口マーン惠美

〈著者略歴〉

川口マーン惠美（かわぐち・まーん・えみ）

作家（ドイツ・シュトゥットガルト在住）。日本大学芸術学部卒業後、渡独。85年、シュトゥットガルト国立音楽大学大学院ピアノ科修了。著書に、ベストセラーとなった『住んでみたドイツ 8勝2敗で日本の勝ち』（講談社＋α新書）、『ドイツで、日本とアジアはどう報じられているか？』（祥伝社）、『証言・フルトヴェングラーかカラヤンか』（新潮社選書）、『ドイツ風、日本流』（草思社文庫）、『ヨーロッパから民主主義が消える』（PHP新書）など多数。2016年に『ドイツの脱原発がよくわかる本』（草思社）が第36回エネルギーフォーラム賞・普及啓発賞受賞。ネットマガジン『現代ビジネス』（講談社）にて「シュトゥットガルト通信」を連載中。

復興の日本人論 ～誰も書かなかった福島～

2017年12月 1日 初刷発行
2018年 3月16日 2刷発行

著　者　川口マーン惠美

装　幀　長坂勇司（nagasaka design）

DTP　金木犀舎

編集人　良本和惠

発行人　良本光明

発行所　株式会社グッドブックス
〒103-0023 東京都中央区日本橋本町2-3-6 協同ビル602
電話03-6262-5422 FAX03-6262-5423
http://good-books.co.jp/

印刷・製本　日本ハイコム株式会社

ISBN978-4-907461-15-7